YOUZI
ZHONGZHI JISHU

柚子种植技术

《云南高原特色农业系列丛书》编委会 编

主　　编◎杨士吉
本册主编◎张永平

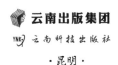

云南出版集团

YNK 云南科技出版社

·昆明·

图书在版编目（CIP）数据

柚子种植技术 /《云南高原特色农业系列丛书》编委会编 . –– 昆明：云南科技出版社 , 2020.11（2022. 5 重印）
（云南高原特色农业系列丛书）
ISBN 978-7-5587-2990-4

Ⅰ.①柚… Ⅱ.①云… Ⅲ.①柚—果树园艺 Ⅳ.
① S666.3

中国版本图书馆 CIP 数据核字 (2020) 第 208038 号

柚子种植技术

《云南高原特色农业系列丛书》编委会 编

责任编辑：唐坤红　洪丽春
助理编辑：曾 芫　张 朝
责任校对：张舒园
装帧设计：余仲勋
责任印制：蒋丽芬

书　　号：ISBN 978-7-5587-2990-4
印　　刷：云南灵彩印务包装有限公司印刷
开　　本：889mm×1194mm　1/32
印　　张：3.375
字　　数：85 千字
版　　次：2020 年 11 月第 1 版
印　　次：2022 年 5 月第 2 次印刷
定　　价：22.00 元

出版发行：云南出版集团　云南科技出版社
地　　址：昆明市环城西路 609 号
电　　话：0871-64190889

编　委　会

主　　任：高永红

副 主 任：张　兵　唐　飚　杨炳昌

主　　编：张永平

参编人员：薛春丽（红河学院）

　　　　　李　戈（红河州农业农村局）

　　　　　张　桦　施菊芬

审　　定：林海涛

编写学校：红河职业技术学院

前 言

柚子别名文旦、气柑。它的叶似柑、橘，但叶柄具有宽翅，叶下表面和幼枝有短茸毛。花大，白色。果实大，球形或近于梨形，呈柠檬黄色；果肉白或红色，隔分成瓣，瓣间易分离，味酸可口。

在众多的秋令水果中，柚子可算是个头最大的了，一般都在1千克以上。它在每年的农历八月十五左右成熟，皮厚耐藏，一般可存放三个月而不失香味，故有"天然水果罐头"之称。

柚子外形浑圆，象征团圆之意，所以也是中秋节的应景水果。更重要的是柚子的"柚"和庇佑的"佑"同音，柚子即佑子，被人们认为有吉祥的含义。过年的时候吃柚子象征着金玉满堂，柚和"有"谐音，是"大柚"（大有）的意思，除去霉运带来来年好运势。

红河州地处南亚热带，柚子主要栽植于红河州的热区，在特定的气候条件下，致使柚子的生长发育、开花、结果、果实成熟期都随本地物候期的变化而有所提前，也形成了红河州柚子栽培管理的独特方式。而大多果农因为缺乏科学的管理经验，严重影响了柚子的产量和质量。

本书主要以柚子的栽培管理为主。除简述了柚子的品种、生物学特性外，着重从柚子树的整形修剪、施肥技术、病虫害防治三个方面介绍红河州柚子种植的管理技术措施，附以图片和文字说明。本教材通俗易懂，具有较强的科学性、实用性和可操作性，主要供全州农民学习培训使用。同时，也可作为基层农技人员指导农业生产的实用工具书。由于我们的水平有限，加之成稿仓促，书中缺点在所难免，如有不妥之处，欢迎读者批评指正。

目　录

第七篇　柚子采收和包装

第一篇　柚子生长习性和部分品种

柚（学名：*Citrus maxima*）是芸香科柑橘属果树，其特征与柑橘相同。柚的果实称为柚子，又名文旦、香栾、朱栾、内紫、条、雷柚、碌柚、胡柑、臭橙、臭柚、抛、苞、胈，分布于东南亚及中国大陆的长江以南、河南等地，生长于海拔600~1400米的地区，多见于河谷、丘陵、山坡、民居附近，常用于栽培。

文旦一名的由来是为纪念把此类水果传入日本九州的中国船长——谢文旦。该种栽培种数量众多，如文旦柚、坪山柚、沙田柚、暹罗柚、蜜柚、胡柚、四季柚等。

柚子为芸香科常绿乔木，高5~10米，叶常绿，每片叶子由一大一小两片叶片组成，形似葫芦；花期2~5月，花朵繁多，洁白清香，用"忽如一夜春风来，千树万树梨花开"来形容，一点也不为过；果实硕大，扁球形或梨形，最重者可达3kg，果皮光滑，绿色或淡黄色。

在西双版纳，柚子被人称为"泡果"。近年来，植物园的科技人员在长期实践的基础上，培育出许多优良品种的柚子，如曼赛龙、勐仑柚、东试早等，这些果子个体大，水分多，味甜酸，深受人们喜爱。

柚子是秋令水果中体积最大的，可存放三个月不失香味，号称"天然水果罐头"，是中秋佳节亲人欢聚共赏明月的必备果品，是象征生活美满的仙果。果肉呈红色或黄白色，富含汁水，且带有浓郁的香味口感，清新酸甜。

一、柚子生长结果习性

（一）根　系

根系分布：实生树树冠高大，主根发达；嫁接树侧根发达。

根系生长：新根的发生与新梢生长交替进行，因此一年有几次发根高峰。第一次发根高峰在春梢停梢后，夏梢

抽生前，是全年发根量最多的一次；根系生长的上限温度为37℃。温度过高，根系生长受抑制。

（二）枝　梢

柚子幼树生长旺盛，一年可抽发春、夏、秋、晚秋4次梢，发枝量大，树冠扩展迅速。4～5年生柚子进入结果期，树冠就拥有大量结果部位，这是柚子早期产量高的重要原因。进入盛果期后一般只抽春梢，不抽夏梢。

春梢：立春至立夏前抽发的新梢称春梢。春梢抽发整齐集中，数量多，枝条节间密，短壮充实，长度10～20厘米，是当年结果和创造积累养分的主要新梢。强壮的春梢可成为抽发夏、秋梢的基枝，长势中等的可发育成次年的结果母枝，由混合芽发育的春梢发育成当年的结果枝。春梢的数量和质量取决于树体的营养状况，如果上年树体养分积累充足，则春梢数量多、质量好。而春梢的数量和质量又决定当年结果枝和来年结果母枝的数量和质量。培养数量多、质量好的春梢是获得高产、稳产的先决条件。

（三）开花结果习性

柚子实生树一般8～10年开始结果，嫁接树4～5年结果，初结果后1～2年即进入盛果期。5～7年生枳砧嫁接树株产15～50千克，8～10年可达50～100千克。

1. 结果母枝

柚子的春梢是主要的结果母枝。结果母枝每个节的叶腋都能分化花芽、抽发结果枝，以顶端数节抽发的结果枝较多。据调查，第1节抽发的结果枝占23.7%，第1～4节抽发的结果枝占72.7%。顶端数节抽生的结果枝，花蕾量大，坐果率较高。因此果实多集中在结果母枝先端几节抽发的结果枝上，修剪时应避免短截结果母枝。调查不同长度结果母枝的结果能力表明，10～20厘米长的结果母枝，其结果能力最强，所结果实占总数的56.9%。

2. 结果枝

柚子花芽为混合芽；春季萌发时抽梢后开花。结果枝按形态可分为四类：有叶花序枝、无叶花序枝、有叶单花

枝、无叶单花枝。有叶单花枝，即有叶春梢顶端着生一个花蕾的结果枝，开花稍迟，坐果率高，果实品质佳，但数量较少。有叶结果枝的坐果率比无叶结果枝高。无叶结果枝数量众多，坐果率低。树势强的，有叶花序枝和有叶单花枝较多；树势弱的，无叶花序枝较多。因此培养强健的树势和良好的结果母枝，争取多抽生有叶结果枝，特别是多抽发有叶单花枝，减少花蕾量和养分消耗，提高坐果率，对于实现高产、稳产有重要意义。柚子内膛枝结果能力强，光照强度较弱的内膛枝能分化发育正常的花芽并开花结果，这也是柚子丰产性好的重要因素之一。

3. 开花结果

柚子花单生或成总状花序。4月下旬始花，5月上旬盛花。发育正常的雌雄蕊授粉受精后产生有种子的果实；柚子也具有单性结实的能力，未经授粉受精的子房也能膨大发育成无种子的果实。

生理落果：柚子生理落果从5月中旬到6月底基本结束。5月中旬落果占总落果量的17.8%，5月下旬占40.6%，是生理落果高峰期，5月中旬到6月中旬落果占总花果数的90%左右，到7月上旬生理落果基本结束。柚子果实立冬前后成熟。

二、柚子品种

（一）通贤柚

通贤柚是20世纪20年代刘云芳从福建漳州（地址不详）用套罐法引入，在其家乡四川安岳县通贤镇三村一社

栽植。因其品质殊优，取名贡橙。1949年前用高压繁殖，扩散于刘家亲友间，共几十株，集中分布于通贤镇附近。1949年后栽栽伐伐，几经反复，也不足万株。到20世纪80年代初，经有关专家品评，认定为良种，方引起政府重视。至此引种已有60余年，母树已不复查找。经国内寻根访源，均无相同的品种（系），方知其性状已发生变异，成为一新的品系。1986年取其商品名曰"通贤柚"。从1986年开始着手大力开发，1995年又以"通贤"二字在国家商标局注册。1997年面积达0.4万公顷（幼树多），产量近1000万千克。该柚品质极佳，在全国柚类科研生产协作组连续四届品评中均列前三名。

（二）四季柚

寒冷的冬季，水果市场上最备受青睐的是柚子，苍南

马站的四季柚当是其中的佼佼者。剖开薄薄的淡青色外皮，就会显出淡红色的片片瓤瓣。翻开瓤瓣，核细肉丰，粒粒菱形的沙瓤晶莹剔透，赏心悦目，入口一尝，脆嫩无渣，柔软多汁，甜酸适度，清香满口，沁人心脾，素有"柚中佳品"的美誉之称。

四季柚形美色艳，为上乘保健果品，新鲜果汁中含有类胰岛素成分，有降低血糖的作用，有益于心血管病及肥胖病患者。柚性寒，味酸，无毒，具有清胃润肠，消食醒酒，化痰止咳的功能，饭后吃几瓣，能帮助消化，消除疲劳。四季柚除鲜食外，还可制成果汁、果酱、果酒和水果罐头等食品。

（三）沙田柚

沙田柚（金柚）原产于广西容县沙田。树势强健，1～2年枝粗壮较直立，果实梨形或葫芦形，单果重500～1500克，果肉脆嫩爽口，白色或虾肉色，风味浓甜，品质上等。果实可食率为40%～60%，果汁含量30%～40%，每100毫升含总酸量0.3～0.6克、维生素C100～200毫克。果实10月上旬至11月中旬成熟。

沙田柚的类型颇多，当前栽培的多为软枝和硬枝两个类型。软枝型果实较小，梨形，果汁较多，品质优。该类型成熟期较早，丰产稳产。硬枝型果实较大，葫芦形，果汁较少，丰产，但较易出现大小年结果。

（四）常山胡柚

胡柚起源于常山县青石乡胡家村，是优良的柚子自然杂交群体品种，树势强健，叶色浓绿肥厚，枝叶繁茂，适应性广，耐粗放管理，抗寒性强。尤其是果实极耐贮藏，一般可贮到翌年四月柚子市场淡季上市，风味不变，对调节和丰富市场供应具有意义。

胡柚在自然室温下存放可保鲜至次年4～5月，贮藏后果实汁味更浓，品质尤佳。

　　每100克鲜果含水分84.8克，蛋白质0.7克，脂肪0.6克，碳水化合物12.2克，热量35千卡，粗纤维0.8克，灰分0.9克，钙41毫克、磷43毫克，铁0.9毫克，胡萝卜0.12毫克，硫胺素0.07毫克，核黄素0.02毫克，尼克酸0.5毫克，抗坏血酸41毫克，钾257毫克，钠0.8毫克，镁16.1毫克。另含有丰富的有机酸。

　　常山胡柚跻身于全国"名特优"新水果行列。在1986年1月和1989年12月全国名特优柑橘评比中，两次被评为全国优质农产品；1991年被农业部列为"绿色食品"；在第二届农业博览会上荣获金奖，第三届农业博览会荣获名牌产品，2003年常山县获原常山胡柚原产地域产品保护。利卿果业专业合作社等五家企业获国家质量监督检验检疫总局授权使用原产地域产品保护标志。

2013年，常山胡柚种植面积10.5万亩，总产量13万吨，产值4.5亿元。

（五）江永香柚

严格意义上说，江永香柚属沙田柚系列，其品种是清朝时从广西容县引入的沙田柚品种，但是江永特有的"五香"之地（香米、香芋、香柚、香姜、香菇）的地理条件及富含硒元素的地质，在沙田柚原有的特质上形成了特有的香味，发展成了自己独有的品种，品质比沙田柚更胜一筹，曾经六获全国柚类水果金奖。

（六）管溪蜜柚

管溪蜜柚属亚热带常绿小乔木果树，树冠圆头形，树势强，枝条开张下垂，枝叶茂密，叶片大，长卵圆形，叶经揉后无刺激性味道。幼树在肥水充足条件下，一年可抽梢4～5次，春梢为结果母枝。管溪蜜柚花芽在9～12月，3月中下旬初开花，盛花期为4月中旬前后，10月下旬果实成熟。

管溪蜜柚的生长发育需良好的生态条件：年均温21.2℃左右，土壤pH值在4.8～5.5之间，该柚忌荫蔽。适于东南方向、地势平缓的低海拔丘陵山地种植。

管溪蜜柚果大，单果重1500～2000克，长卵形或梨形；果面淡黄色，皮薄；果肉质地柔软，汁多化渣，酸甜适中，种子少或无。每100毫升果汁含糖9.17～11.6克，酸0.73～1.0克，维生素C 48.93～51.98毫克，可溶性固形物10.7～11.6克。可食部分68%左右，9月下旬至10月上旬果实成熟，丰产。

管溪蜜柚果大、无核、质优，适应性强，高产，商品性佳，可谓柚中之冠，但在发展中要特别注意防止溃疡病的传播，同时该品种有内裂的缺点。据说在清朝时期是专门种植当贡品呈献给皇帝的优良柚子品种。

（七）垫江白柚

重庆垫江白柚又名黄沙白柚，起源于垫江县黄沙乡，从重庆垫江县黄沙乡黄沙村曾家湾的实生柚中选出。距今有170多年的栽培史，它以果大色艳、汁多味浓、脆嫩化渣、甜酸适度、品质上乘而闻名全国。

其主要特点：树势健壮，树冠高大，枝叶茂密；果实倒卵形，单果平均重1200～1300克，大的可达2250克，果面橙黄，具光泽；果肉黄白色，可食率51.3%，果汁率40.7%，可溶性固形物12%，糖含量10.5克/100毫升，酸含量0.95克/100毫升，维生素C含量66.3毫克/100毫升，有蜜味和香气，品质佳；果实于11月上旬成熟。种子少，每果平均60粒左右，偶有少核。垫江白柚以酸柚作砧木，产量高，成年树每亩产37～40吨，是四川、重庆推广发展的良种柚。

于1986年、1989年相继获部、省级优质果品称号，1995年获第二届中国农业博览会金奖，1998年获重庆市名柚称号，2001年分别获国家和重庆市名牌农产品称号，深受消费者青睐。

（八）度尾文旦柚

是中国福建省莆田四大名果之一，是仙游县度尾镇特有的名贵佳果，中国地理标志产品。果实品质优良、气味芬香、肉嫩汁醇、甜酸适度、无籽少籽、清香爽口、风味独特。由仙游县举人吴登青和莆田仙戏班的一个名旦合作栽培成功，由二人身份取名"文旦柚"，后用高

压法育苗传邻村。1984年11月，时任的李先念在福建视察时，品尝之后为它命名"度尾无籽蜜柚"。

（九）梁山柚

梁山柚，亦名"梁平柚"，原产地重庆市梁平县（原四川省梁山县），梁山柚与广西沙田柚、福建文旦柚并称为中国三大名柚。

梁山柚的栽培历史悠久，据四川省档案馆资料和《梁

山县志》记载，梁山柚系清乾隆末期，由乾隆五十七年进士、任福建省某县知县的梁山人刁思卓引进，植于梁平县梁山镇内，是在特有的自然条件下，优变而成的优质品种。

梁平柚果实果形美观、色泽金黄、皮薄光滑，果皮芳香浓郁，易剥离。果肉淡黄晶莹，香甜滋润，细嫩化渣，汁多味浓，营养丰富，具有"天然罐头"之美誉。

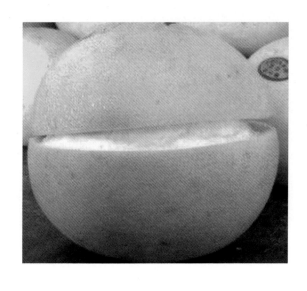

第二篇　柚子育苗

一、选地、整地

入秋以前，要预先选好苗圃的地点，苗圃地要选择向南或向东南、通风透光良好、坡度在10°以下、土层较厚（在20厘米以上）、保水排水良好、灌溉方便、肥力中等的沙质壤土或沙质黄壤土、风害少、无病虫害的地方。在播种前，苗圃地要深耕晒土，使土质充分风化，苗圃的周围要开好排水沟，方便排灌，苗圃起畦要东西方向排列，一般畦宽1.2米，高15～20厘米，沟宽40厘米，畦长看地形而定，畦面要平，土粒要细碎，在播种前几天，要施草肥（每亩农家肥约1800千克，草木灰150千克，和表土拌匀），再进行播种。

二、播种育苗

9～12月种子收下来，即可播种；也可以用沙藏到次年春季再播种。播种时，在畦面上先开好横行小沟，行距10厘米，每亩用种量约15～18千克，可出苗木大约4万～6万株，播种后盖上10厘米左右的细土，然后用松毛、稻草等其他杂草覆盖畦面，淋水保湿，在方便灌水的地方也可灌一次"跑马水"渗湿地面。干旱时要注意浇水，经常保持苗圃地湿润，促进种子发芽，幼苗出土后揭去覆盖的草。

三、苗木管理

幼苗出土后，苗床要经常保持湿润，但又不能积水。幼苗长出两片真叶、叶片变成深绿色时，开始施肥，前期要薄施勤施，10～15天施一次，连续施六七次，后期看苗木生长情况适当施肥，肥料以人畜粪尿或尿素等氮肥为主，适当施些草木灰或过磷酸钙等磷钾肥。一般生长管理一年，小苗可以长到30～50厘米高，这时就可以直接种植或者做嫁接苗的砧木苗使用。

四、砧木移植和管理

1. 移植方法与株距

移植前一天给苗木田充分灌水，以便于起苗，减少拔苗时对根系的损伤。

按照培养砧木苗时同样的方法平整苗圃的土地，亩施1000千克有机肥、100千克钙镁磷肥，然后将土与肥料混合均匀，就可以栽苗了。苗间保持株距10厘米、行距20厘米，每亩田种植1.5万～2万株为宜。种植时要注意使根系舒展，不能栽太深，土盖至根颈部上1～2厘米，然后浇足定根水。砧木移栽后应注意土壤保湿，及时松土、清除杂草，随时抹去砧木苗基部萌芽和分枝，保持茎部光滑，以便于嫁接。

2. 施肥

移植后十天开始施肥，用25千克水加入0.4千克的磷酸钙复合肥，每10～15天追施一次。嫁接前10～15天施足一遍肥后停水停肥。

一般一年后，砧木苗高25厘米以上、茎干离地面5厘米处直径达0.5厘米以上，就可进行嫁接了。

五、嫁　接

1. 剪砧

嫁接前2～3天，将砧木在离地面10～15厘米处的顶部剪去，这叫剪砧。把距地面6厘米以下的叶片除净，柚苗自上而下留4～6片叶子。

2. 采穗

选取盛果期的柚子树作采穗树。采穗应在无风的阴天、晴天上午露水干后或傍晚，最好采当年的优质春梢，剪下，去掉叶子，放在事先准备好的湿布上，小心包好，拿到砧木种植大田旁采穗。采下的接穗要做到随采随用。

3. 削穗芽

先在芽前方的0.5～1厘米处向后30°左右斜削一刀，再在芽后上方的0.4～0.5厘米处70～80°向下切，就可取下长约1.2厘米的小芽，放入盆中备用。削时注意不要伤到芽眼。

4. 砧木切口

在砧木离地面5厘米左右平滑的部位，从上往下斜切一刀，削时稍伤到木质部，做到见白留青。长度1.5厘米左右，再将削开的皮层切去2/3。注意削面要平直光滑。

5. 穗芽的捆扎

将削好的穗芽嵌入砧木切口内，要确保穗芽削面与砧木切口各有一条边的形成层对齐，削面贴紧，二者之间不得留缝隙。嵌好穗芽后用塑料薄膜条从下往上缠绕4圈，然后从食指下留孔中拉紧薄膜条，将穗芽和树干部紧密捆扎，使所接穗芽稳固。秋季包扎应将所接穗芽全部包在薄膜内，春、夏季可露穗眼。

6. 嫁接后苗木的管理

夏天嫁接后15天左右选择温和的天气，进行第一次剪砧，刀口下留两到三片叶，如果是阴晴天气，可将叶片一次性剪除。秋天嫁接后剪砧，一般留两片叶子。18天后解除薄膜。苗高30厘米左右时，进行第一次摘顶，促使其萌发侧枝，形成一级主枝。

这段时期要保持苗地湿润，做好"旱浇涝排"。施肥以速效氮、复合肥为主，薄肥勤施。

一般管理得好，夏接苗当年末即可出圃，秋接苗次年2～5月可以出圃。

六、苗木出圃

苗木出圃是育苗工作的最后一个环节，出圃苗木一般要求根系发达，苗高40～60厘米，并具有3个以上分枝，生长健壮，品种纯正。

苗木出圃的时间以清明前后或10月中下旬比较好。最好带土移植。

一般10株一小捆，50～100株一大捆，用布将根部包扎在一起。在主干和枝叶上再用绳子扎上一道。

根据苗的长势，合格的柚树苗分为一、二级，差于二级的苗就不能保证优质、丰产。

柚子一、二级苗木分级规格

项目	等级	
	一级	二级
侧根最低数	5～7 条	3～4 条
苗高	40～80 厘米	30～40 厘米
茎粗	≥0.8 厘米	≥0.6 厘米
主干高	25～35 厘米	25～35 厘米
主枝	2～3 条	1～2 条
脚叶	有健壮脚叶	脚叶不齐全
病虫害	无	无

表格配置方法：侧根最低数一级5～7条，二级3～4条；苗高一级40～80厘米，二级30～40厘米；茎粗一级≥0.8厘米，二级≥0.6厘米；主干高一级25～35厘米，二级25～35厘米；主枝一级2～3条，二级1～2条；脚叶一级有健壮脚叶，二级脚叶不齐全；病虫害一级无，二级无（一、二级苗都不能有病虫害）。

为了提高苗木的存活率，苗木出土后要尽快种植。苗木在未栽植以前，若发现苗木有些干燥，应向根部喷水，为防止叶片腐烂，不要将水喷在叶子上。

第三篇　柚子苗木种植

苗木种植分假植和定植两个阶段。

一、假　植

假植也就是将苗木移到以后要定植的土地旁边，采用66厘米×100厘米的株行距，暂时种植一段时间。其目的是为了提高土地利用率，便于管理，使苗木适应环境，提高定植成活率。高密度假植还便于保持适宜的温湿度。

假植苗高50～60厘米时摘心，以促侧枝萌发。一般经过一年的假植，苗木就可以到大田里正式定植了。

二、定　植

定植就是将假植后的苗木移到事先选定的固定园地进行栽培。

1. 定植时间

柚子春（3月）、秋（11月）均可定植，以3月上中旬

定植较好，定植应选阴天或晴天傍晚进行，雨天或土壤过湿时不宜定植。

2. 定植方法

挖一个长、宽、深各1米的定植坑。挖掘坑时要将表土和心土分别堆放。在坑底放入杂草或绿肥25～50千克作基肥，用脚踏实，先回填表土，再放杂草，上面撒生石灰1千克，石灰的作用是杀火绿肥中的有害病菌、加速绿肥腐烂和改善土壤的酸性环境。后回填心土，耙平，然后用有机肥1千克，与心土搅拌均匀后，挖好定植穴。

适当修剪柚树苗过长的根系。将柚树苗种在定植穴的中间，在盖土的过程中轻轻向上抖动树苗，使树苗根部舒展开来，根颈部与地面持平，再用心土覆盖根部，然后从四周用脚踩实，在踩实时，再次向上轻轻提拉树苗后，继续踩实，以保持根部舒展，并与土壤充分接触；最后的

覆土略高出地面。要保持苗木直立，并注意嫁接口应露出地面10~15厘米。

定植后马上剪去顶部叶片，以免柚树苗中的水分蒸发过多。浇足定根水。在主干的周围用杂草作覆盖物，以保持土壤湿润。

3. 定植密度

柚子长势旺，树冠大，嫁接树6~7年即进入盛果期，因此成片栽植不宜过密。幼树采用株行距6米×3米，以便于到初果期可以隔行移走，将株行距调整到6米×6米。20°以上的坡地，亩栽45株；10°~20°的亩栽40株；10°以下的缓坡地，亩栽35株左右。平地栽柚树，保持25株/亩。

4. 配置授粉树

柚子结实能力强，但异花授粉能提高坐果率，使果实增大，因此在栽植时应配置若干单系混栽。

第四篇　柚子整形修剪

一、营养生长期的修剪

柚子嫁接苗定植生长到首次开花结果，称为营养生长期。这段时间根系和树冠迅速扩大，一般需要 2～4 年。

为了达到早开花、早结果和丰产的目的，营养生长期修剪很关键。

（一）树形各部名称

说到修剪，我们先介绍一下柚树主枝与各级枝的关系。从根部到第一分枝点以下叫主干，主干直立向上生长的大枝叫中心主枝。

在中心主枝上抽生的分枝称为主枝，也叫一级枝；在主枝上抽生的分枝称为副主枝，也叫二级枝；在副主枝上抽生的分枝称为侧枝，也叫三级枝；在侧枝上抽生的分枝称为小侧枝，也叫四级枝。依次类推。

（二）定　干

定植成活后，在树苗离地面高 35～40 厘米处剪去顶部，这一步叫定干。选择生长较强的三至四个枝梢作主枝向上斜生伸展，可以采用拉和撑的办法，使主枝与各主干延长线之间形成 40°～45° 夹角。

拉：用绳子把主枝拉开到合适的夹角后，在地上固定。

撑：用木棒支撑在主枝与各主干间，能形成合适夹角的位置。

（三）蓄留二、三、四级枝

在营养生长期每个主枝上留 2～3 个副主枝，向外伸展。对副主枝的延长枝，作短截处理，促使柚树多发新梢。在副主枝上留下2～3个侧枝，让其抽发营养枝、结果枝组。侧枝若长势不好，可进行回缩，在其枝条上重新培养比它低一级的枝条。对零乱枝条需及时剪除。

根据树冠上中下先后放梢，促进幼树的花芽分化的原则，促梢扩大树冠面积。

经过3～4年的合理整形修剪，这样自然形成外围重、内部轻、枝条结构合理、主从分明、枝组紧凑、骨架牢固、透气通光的高产树架。

二、初果期的修剪

初果期是指结果的前一两年。这时在树冠中下部和内膛的4～7级枝会有少量柚子出现，这个时期的重点是培育较多的优良结果母枝，促使其早日结果。

修剪前要先分清营养枝、结果枝和结果母枝。

结果母枝是头年形成的枝梢，次年能在这个枝条上抽

生结果枝的枝条；结果枝指在结果母枝上当年抽生出来的有叶又有花的枝条，这样的枝条坐果率高。营养枝是只长叶片不开花，主要功能是进行光合作用，为结果枝提供营养。长势好的营养枝可在第二年转化成结果母枝。

初果期的结果母枝一般先在柚树下部较弱的枝条上产生，所以在柚树的中下部我们要剪去营养枝，留下结果枝，把这个中下部培养成结果区域。反过来，我们在柚树的上部剪去结果枝，留下营养枝，把柚树上部培养成制造营养的区域。

（一）修剪方法

可分 3 次进行修剪，即春季的 2 ~ 3 月，夏季的 6 ~ 7 月以及采果后的冬剪。

1. 春剪

针对旺长的初结果树，适当修剪或短截树冠顶部和外围过密的春梢。修剪时，旺长树应重剪，弱小树轻剪，树冠顶部多剪，树冠内部少剪。顶部长势旺盛的可剪去当年春梢的 1/3 ~ 2/3，外围则疏除过密梢，以利开花结果。

2. 夏剪

主要控制夏梢萌发，在夏芽萌发 1 ~ 2 厘米、未展叶时摘除。但枝条稀少的可保留部分夏梢枝条，并适当短截，以填补空当。同时，要剪除过密枝、重叠枝、徒长枝、细弱枝、病虫枝等，并剪除落果枝。

3. 冬剪

采果后 1 个月，可结合冬季清园进行，重点剪除树冠突出枝，造成树体荫蔽的过密枝及当年的摘果枝、枯枝、病虫枝等，短截直立强壮的徒长枝。修剪时尽量做到外重内轻，顶重下轻，促使结果部位逐步向树冠中部移位。

（二）树形整形

实践证明长势良好的主枝与主干之间形成45°左右的夹角，均匀地分布于空间，能使树冠上重下轻，外重内轻，形成高产树形。

要达到这个目的一般采用拉和撑的办法。拉就是用绳索的一端捆在直立枝的中上部，将其往下拉至合适的位置，将绳索的另一端固定在地面上。拉的时候要注意用力要均匀适当，以免拉劈树枝。撑就是用木棒支撑在主枝与主干间能形成合适夹角的位置。

（三）环剥和环割

冬天，我们要对树势强旺、已到开花结果时期，但还不开花结果的柚树进行环剥，以促进花芽分化。一般

在 11 月上旬至 12 月上旬花芽进入形态分化期进行。长势强的树宜早、宜重，长势弱的树宜迟、宜轻。环剥的方法是在离地面上 10 ~ 15 厘米处、较光滑平整的主干上进行，平行地间隔 0.3 ~ 0.5 厘米，深至木质部，但不伤木质，把中间的树皮全部剥去，对于树势生长较差的可以留 1 ~ 2 厘米不全剥掉。

春天的时候，为了保果，我们也需要对柚树进行环割。

环割方法如下：在主枝或主干光滑平整的部位进行，采用一刀下去，不去皮全闭口环形环割。或用 14 号或 16 号铁丝环扎主干 1 圈，嵌入皮层，不伤木质部，第一次生理落果后解扎。

三、盛果期修剪

盛果期柚子修剪是实现丰产稳产的重要技术措施之一，一般分为 3 次进行。

（1）春季在现蕾后，结合疏花枝进行，重点剪除过密枝、细弱枝、过多的无叶花枝，以减少开花期养分的无效消耗。

（2）夏季修剪多结合疏果进行，重点剪除夏梢，树冠细弱枝、荫蔽枝、落果枝、病虫害枝等。

（3）冬剪一般也在采果后 1 个月进行，疏除或短截造成树冠荫蔽的枝条，如直立向上的徒长枝、外围突出枝，剪除下垂的着地枝、枯弱枝、病虫枝、冬梢和重叠枝。掌握壮树宜重，弱树宜轻，去密留疏，去弱留强的原

则。每隔 2～3 年大修剪 1 次，适度进行开天窗。

（4）疏花疏果：盛果期柚子树花量大，坐果率高，疏花疏果有利于减少养分的无效消耗，增加产量。

疏花时间一般在 2 月中下旬至 3 月上旬，方法有疏花枝和花蕾两种。

在吐蕾时，重点剪去树冠内部隐蔽的无叶花枝和弱花枝，这叫疏花枝。原则上在每个结果母枝的中上部留下两个健壮花穗，盛果树每株留 100～160 枝花穗。

在疏花枝后十天左右，对留下的花穗再进行疏理，采用每个花穗去头、去尾、留中间的做法，一般一枝花穗留饱满花蕾不超过 4 个，这叫疏花蕾。疏花蕾的原则是弱树重疏，弱枝花重疏，有叶单花不疏。

在 4 月中旬、5 月上旬分 2 ~ 3 次，对结果枝上着生 3 个或 3 个以上果实者，疏去其中发育较差的病果、畸形果、密弱果、小果，保留正常果，这叫疏果。每个结果枝上留 1 ~ 2 个壮果，盛果期每棵柚树留 100 ~ 200 个果，通过疏果，使果实分布更加均匀，数量适中。疏果的原则是强树多留，弱树少留。结合树体营养的实际状况、果实在树冠内的分布情况、数量和栽培管理水平等，灵活掌握。

四、老弱树的修剪

对结果部位高，结果少，果小质差的结果多年的老树或衰退树，可采用回缩修剪法，疏除老化枝、密生枝、衰弱枝，短截主侧枝，促进萌发新枝，重新培养新树冠。

衰老树更新修剪时间以春梢萌发前或停止生长后和夏梢发生前5～6月间为好。老龄树用露骨更新，更新时保留主枝和副主枝，树冠上3～4年生侧枝应全部剪除，树冠不留叶片，以促进强梢的发生。萌芽抽梢后，再抹芽控梢，1～2年内即可形成新树冠，恢复结果。对于部分尚有结果能力的衰退枝，可用轮换更新的方法，每年更新一部分，2～3年全树更新完毕。

五、柚子常用修剪方法

（一）短　截

剪去一年生枝的一部分。

①轻短剪：促生中短枝，促进成花。

②中短剪：促进营养生长，加速扩大树冠。

③重短剪：改变枝类，增加芽位。

④极重短剪：促生中短枝，培养枝组。

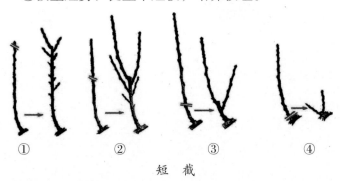

短　截

（二）缩　剪

剪去多年生枝的一部分，也叫回缩。

缩剪作用：回缩的主要作用是复壮。

缩剪对象：冗长多年生缓放枝或结果枝组，以及衰老树的骨干枝。

缩　剪

（三）疏　剪

将枝条（包括一年生和多年生）从基部去掉。

疏剪对象：病虫枝、干枯枝、无用的徒长枝、过密的交叉枝和重叠枝等。

主要作用：改善通风透光条件。对全树有削弱生长势的作用，就局部来讲，可削弱剪锯口以上附近枝的势力，增强剪锯口以下附近枝条的势力。

疏　剪

（四）长　放

对枝条不修剪，也叫缓放。

长放作用：缓和枝条生长势，增加中短枝数量，有利于营养物质的积累，促进幼旺树成花结果。

长放的对象：中庸枝、斜生枝

甩放

和水平枝。背上直立旺枝不能缓放，应采取拉枝或疏除等措施。

（五）伤

人为对枝条造成伤口。

1. 环剥

是将枝干的韧皮部剥去一环。

环剥作用：抑制剥口上营养生长，促进成花。促进剥口下发枝。

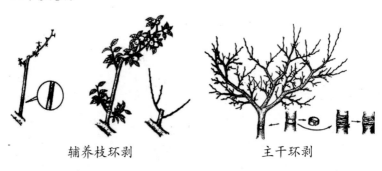

辅养枝环剥　　　　　　主干环剥

2. 刻伤

作用是促进芽萌发。

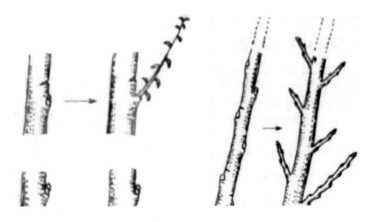

（六）变

人为改变枝条方向。

（1）曲枝作用：抑制旺长，促进成花。

（2）圈枝作用：抑制旺长，促进成花。

（3）拉枝作用：开张角度，缓和长势。

曲枝

单圈枝　　　　　双圈枝

圈枝

拉枝

（七）夏季修剪

（1）扭梢、拿枝：抑制旺长，促进成花。

（2）剪梢：抑制旺枝，促生分枝。

（3）摘心：使新梢秋季停止生长。

（4）疏梢：改善通风透光条件。

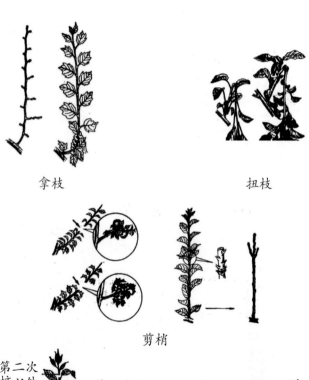

拿枝　　　　　　　　　　　扭枝

剪梢

第二次
摘心处　　　　　第一次
　　　　　　　　摘心处

摘心　　　　　　　　　疏梢

（八）修剪注意事项

柚子幼龄树的整形，是为了培养分布均匀的骨架，形成既有足够枝叶，又有良好光照的丰产树冠。幼龄树的整形，不论是主枝开心圆头形，还是自然开心形，都必须注意以下几个问题。

1. 主干高度

矮化是果树栽培的趋势。主干较矮，幼树可尽早形成树冠，提早进入结果期。柚子的主干一般留25～35厘米。但红肉蜜柚有时主干不明显，应根据实际情况灵活掌握。

2. 主枝数量

幼树主枝多，树冠形成快，结果早。但成年后主枝过多，骨架主次不分，养分分散，易造成主干细长纤弱，树冠上部和外部枝叶密集，下部和内部空虚。主枝数保留多少，应根据生长势、整形方式、果园特点等决定。一般主枝以开心圆头形3～5个、自然开心形3～4个为适宜，主枝选留时，分布应均衡，避免重叠，主枝间保持一定距离。

3. 主枝着生角度

主枝着生角度是指主枝与主干延长枝的夹角。角度太小，先端生长易过旺，造成徒长，结果迟，结果后由于果实重量影响而下垂，造成枝条折裂；主枝着生角度过大，枝条易下垂，生长势衰弱迅速。主枝为开心圆头形，着生角度以40°～50°为宜。以后随着树冠的发育，树龄的增大，主枝的枝、叶量的增加，夹角会逐渐加大到50°～60°。副主枝着生角度以60°～70°为宜。

第五篇　水肥管理

一、土壤耕作

（一）深翻扩穴，熟化土壤

深翻改土，熟化土壤必须从建园开始，逐年扩大。幼树可在植穴外围挖条形沟，分年深耕。成年柚园可在树冠外围进行条沟状深耕，深、宽约 0.5 ~ 0.7 米，分层埋施绿肥等有机肥和无机肥，可以隔年、隔行或每株每年轮换位置深翻。

（二）种绿肥，用地养地

柚园的土壤每年约消耗 2% 的腐殖质，应及时补充土壤有机质。间作是维持柚园地力的一项经济有效的措施。种绿肥覆盖地面，夏季可防止冲刷，降低土温，增加空气湿度和抑制杂草，同时可以增加土壤有机质，提高土壤肥力。

间作作物应选择对柚树生长有利的品种。要矮秆，生长期短，耐阴，枝叶多，不易传播柚子病虫害的作物。比如豆科的黄豆、绿豆或蔬菜等。这样既可解决肥料来源，还可增加早期效益，其茎秆、残枝败叶覆盖并翻入土中，增加土壤有机质，达到以园养园、以短养长的目的。间作还有防止水土流失和改善柚园小气候的作用。

所种间作作物应离幼树树干 50 厘米以上，当柚树树冠直径超过 1 米时，所种间作作物应离树冠滴水线外沿30 厘米左右为宜。

（三）中耕培土

中耕时结合除草，一般每年中耕 3 ~ 4 次，即在冬季采果后，夏季或秋季，结合播种、间作各中耕一次。中耕深度 10 ~ 15 厘米（结合间作播种，宜适当加深），愈近树干愈浅，以免损伤大根，培土宜在干旱季节来临前或冬天采果后进行。在缓坡地带，3 ~ 4 年培土一次，在坡度大、冲刷严重的地方，隔年培土一次。

二、施　肥

（一）施肥时期

1. 幼树施肥时期

柚子栽植后 1 ~ 3 年的幼树，主要是培养强大的根群，促进抽吐新梢，尽快形成树冠，早日进入结果期。所以施肥应以氮肥为主，适当配合施用磷、钾肥。幼树因根群少而弱，分布浅，吸收能力弱，故幼树要以勤施、薄施为原则。在 3 ~ 8 月每隔 15 ~ 20 天施速效肥 1 次，促进春、夏、秋三次新梢的生长。即每次放梢前 20 天左右，施促梢肥 1 ~ 2 次，抽梢后，叶片开始转绿时，再施肥 1 次，促使新梢加快老熟。9 月中旬以后一般不施速效性氮

肥，防止晚秋梢抽生。但 10 月份应施 1 次基肥，主要施腐熟的厩肥、堆肥或枯饼等，柚子每株施腐熟猪牛栏粪 25 ~ 30 千克，或饼肥 1 ~ 1.5 千克，以增强树势，提高抗病能力。

2. 成年树施肥时期

根据柚子 1 年内各个物候期的生理活动，应掌握以下施肥时期：

（1）促梢壮花肥：柚子的结果母枝以春梢为主，在萌芽前施速效肥，可促进春梢生长，使老叶机能旺盛延迟落叶，提高叶片含氮量；使花器发育完全，形成有叶果枝可壮梢、壮花。一般在萌芽前 20 ~ 30 天施。而大年树和小年树应该有区别：大年树要疏除过量的花，增加营养枝的抽生量，而春肥可推迟到花期施，使春肥夏用，并加重氮肥的用量；小年树则提前到早春施，且施肥宜轻，以控制过量的营养枝抽生，提高坐果率。花前肥以氮肥为主，配合适量的钾、磷肥，施肥量

约占全年总施肥量的 20%。

（2）保果肥：柚树春梢抽枝量大，又因为开化时树体养分大量消耗，5～6 月间幼果形成时，往往因养分不足而落果，故在第一次生理落果前，追施一次速效性保

果肥，以复合肥为主，配合施用腐熟的农家肥，对多花树、老树有稳果效果。这次施肥要求做到适当，以钾、磷为主，配合一定量的氮和镁。一般柚子大年树要适当多施，小年树则少施或不施，以免引起抽梢过旺，加剧落果。其施肥量占全年总施肥量的 5%～10%。

（3）壮果促梢肥：柚子生理落果结束后，果实迅速膨大，根系吸肥能力强，而且此时正抽发早秋梢，故需要大量供给养分，以满足柚果膨大和抽新梢的需要。因此，在 7 月上中旬要重施沤熟的有机肥，促进果实膨大、充实早秋梢，为花芽分化打下良好的营养物质基础。其施肥量约占全年总施

肥量的 30%左右。

（4）采果肥：柚子在采果前 7 ~ 10 天施，或采果后及时施，对恢复树势、保叶过冬、促进花芽分化、克服大小年结果现象等均有重要的作用。这次以有机肥为主，结合过钙镁磷、硫酸钾和骨粉等。这次施肥应重施、早施，早熟品种采后及时施，晚熟品种采前施；大年树要多施、及时施，小年树则要少施，以抑制花芽过量形成。其施肥量为全年总施肥量的 40% ~ 45%。

（二）施肥量

柚子进入丰产期时，施肥量应根据结果量来确定。一般亩产 3000 ~ 3500 千克的柚园，亩施纯氮 22 ~ 28 千克、磷 12 ~ 18 千克、钾 22 ~ 28 千克，就能满足柚树生长发育的需要。全年施氮、磷、钾的比例为 10：6：10。但不同品种中，需肥量又有差异。例如，广西容县对沙田柚每年施肥 4 次。第 1 次采果肥，在 10 月上中旬施，一般每亩施猪牛粪、土杂肥各 50 千克，饼肥 2.5 千克，过磷酸钙和骨粉各 1 千克，氯化钾 0.75 千克，粪水 50 千克。第 2 次促花壮梢肥，在 2 月上旬

施，每亩施尿素 0.75 千克或复合肥 2 千克，过磷酸钙 0.5 千克，人畜粪尿 50 千克。第 3 次稳果肥，于 4 月下旬施，用 0.2% 尿素加 2% 过磷酸钙浸出液进行根外追肥。第 4 次壮果肥，在 7～8 月施，施沤熟的饼肥 2.5～3 千克，骨粉 1.25 千克，猪牛栏粪、堆肥各 50 千克。其氮、磷、钾的比例为 1：0.64：0.7。

（三）施肥方法

1. 土壤施肥

幼树可用环状或盘状施肥法，成年树则用条沟、放射沟、穴施及全园施等方法。

2. 根外追肥

柚子除土壤施肥外，还可采用叶面喷肥。叶面喷肥是通过气孔吸收，用肥量少，效果快，但不能代替土壤施肥。喷肥周年都可进行，但以每次新梢转色和幼果期喷施为好，重点喷射叶背。在夏季高温季节，晴天根外追肥应在露水干后的上午 10 时前和下午 4 时后，在气温 18～24℃ 喷布最好。各种肥的浓度：尿素 0.2%～0.5%，清尿 5%，过磷酸钙浸出液 1%，磷酸二氢钾 0.2%～0.4%，硼 0.1%～0.2%，硫酸钾 0.1%～0.3% 加 0.2% 熟石灰，硝酸钾 0.3%～0.5%，硫酸锌 0.1%～0.2% 加 0.1% 熟石灰，氧化锌 0.2%，硫酸镁 0.2%～0.4% 加 0.2% 熟石灰，硝酸镁 0.5%，硫酸锰 0.1% 加 0.1% 熟石灰，钼酸铵 0.2%，柠檬酸铁 0.1%～0.2%。

三、灌溉与排水

柚树周年常绿，枝梢年生长量大，挂果期长，叶大果大，对水分的要求高。栽培柚树必须通过灌溉来保证其水分要求，进行灌溉时要根据柚树各个物候期对水分的需要与当时干旱情况而定。总的来说，其全年的生长发育过程都需要适量的水分，春芽萌发和开花期、果实生长盛期最为敏感，云南有春旱、伏旱，这时必须进行灌溉。

地势较低、地下水位高的地方或雨季应注意排水，在雨季来临前或暴雨季节应随时检查柚园排水系统，及时修整疏导，做到排水畅通无阻。

第六篇　病虫害综合防治

一、病 害

（一）黄龙病

1. 为害

病树初期症状是在绿色的树冠中有 1 ～ 2 条或多条枝梢表现为明显的"黄梢"，"黄梢"上的叶片初期是从基部和边缘开始黄化，中后期症状表现为斑驳型黄化。在有均匀黄化或斑驳型黄化叶片的病枝上再抽出新梢叶片，一般表现为类似缺锌、缺锰症状，叶片主侧脉附近仍保持绿色，叶肉黄化。病树花早、多而易脱落，果小、畸形，果皮光滑无光泽、变硬，新根很少。

2. 症状

黄龙病是柚子生产上的毁灭性病害，在柚子树上全年都能发生，春、夏、秋梢均可出现症状，以秋、冬季症状

最为明显。

发病树叶片有 3 种类型的黄化，即斑驳黄化、均匀黄化和缺素状黄化。斑驳黄化：叶片转绿后局部褪绿，形成斑驳状黄化，斑驳位置、形状非常不规则，呈雾状，没有清晰边界，多数斑驳起源自叶脉、叶片基部或叶片边缘，这是黄龙病识别较为准确的判断症状。均匀黄化：秋季气温回落后，抽生的晚秋梢上的新梢叶片不转绿，逐渐形成均匀黄化，多出现在树冠外围、向阳处和顶部，也是黄龙病识别较为准确的判断症状。缺素状黄化：这不是真的缺素，是由于黄龙病引起柚子树根部局部腐烂，造成柚子树吸肥能力下降，引起叶片缺素，主要表现为类似缺锌、缺锰症状，是黄龙病识别的辅助症状。

发病树果实有两种症状类型，即青果、红鼻果。青果主要表现为成熟期果实不转色，呈青软果（大而软）或青僵果（小而硬）；红鼻果主要表现为成熟期果实转色异乎寻常地从果蒂开始，果顶部位转色慢，因而果实大部分保持青绿色，形成红鼻果。

病枝上再发的新梢，或剪截黄化枝后抽出的新梢，枝短，叶小变硬，表现为缺锌、缺锰状的黄叶。

3. 防治方法

（1）培育无病苗木：

①苗圃地应选择在无病区或隔离条件好的地方，或用塑料网棚进行封闭式育苗。

②建立苗木无病毒繁育体系。凡选出的良种株系，必须通过指示植物或聚合酶链式反应检测；通过茎尖嫁接脱毒技术获取茎尖苗木，按无病毒规程操作繁育无病毒苗木。

（2）防治木虱：

①九里香是木虱寄主植物，柚子园应禁用九里香作绿

篱，有九里香的应立即挖除。

②木虱主要为害新梢嫩叶，因此，春、秋季抽梢时要做好防治木虱工作，夏季要做好抹芽控梢工作，冬季结合清园消灭群集在叶背越冬的木虱，木虱抗药力差，只要重视防治就可奏效。

③砍伐病树烧毁，杜绝传染源。病原菌在树体内分布不均匀，且潜伏期长短不一，因此，一株树有时仅部分枝梢发病，有的果农就采用把生病部分砍掉，结果第二年另一部分又发病，而传染源一直无法杜绝，仍然在果园流行传染，所以发现病树，一定要痛下决心，把整株树彻底挖掉烧毁，以杜绝传染源。病园全部挖树后要间隔一年以上并且错开定植位置方可重新种植柚子。

④加强果园管理，增强树势，提高柚子产量，争取尽早收回投资。

（二）溃疡病

1. 为害

是柚树唯一的细菌性病害，病源是一种黄极毛杆菌的细菌。该病菌生长最适温度为 20 ~ 30℃，在高温多雨天气和台风雨后，发病尤为严重，主要为害叶片、新梢和未成熟的果实，引起落叶、枯枝与落果。

2. 症状

叶片受害时，起初出现油渍状黄色小斑点，后扩大为圆形病斑，在叶的正反面隆起，木栓化，表面粗糙，呈火山口状开裂，灰褐色。病斑边缘呈油渍状，四周有黄色晕环。枝梢受害时，病斑与叶片上的相似，但火山口开裂更

明显，一般无黄色晕环，果实受害时，果皮上的病斑隆起、龟裂、果实品质差。

3. 防治方法

（1）减少果园病源：在放夏、秋梢前及冬季清园时集中摘除病叶，剪除病枝、病果，并集中烧毁，这是生产上控制溃疡病行之有效的措施。尤其是定植后1～2年生幼树反复彻底清除病斑，是最经济有效的防治措施。

（2）抹芽控梢：潜叶蛾低峰期放梢，减少病菌从伤口侵入的机会。

（3）喷药防治：春季开花前及谢花后各喷1次药，夏、秋梢在新梢抽出3厘米、展叶期及剪前各喷1次药。大风雨后及时喷药，防止病菌从伤口侵入。第一次喷药在春芽长至2毫米时，第二次在谢花期，晚秋梢期喷药视天气而定。药剂可选用：72%农用链霉素可湿性粉剂2500倍液、3%金核霉素水剂300倍液、77%可杀得2000型800倍液、80%必备可湿性粉剂400～600倍液、20%龙克菌杀菌铜胶悬剂500倍液、12%绿菌灵乳油500倍液，或氯溴异氰尿酸，春雷霉素，琥胶肥酸铜，噻菌铜，铜大师，噻枯唑等。

（三）炭疽病

1. 为害

是柚树一种真菌性病害，在树势衰弱的蜜柚园内普遍发生，主要为害叶片、枝梢和果实，引起落叶、枯枝与落果。

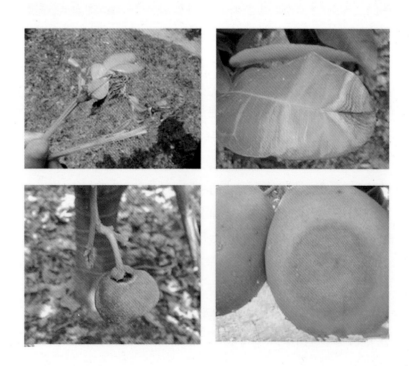

2. 症状

叶片、枝梢在连续阴雨潮湿天气，表现为急性型症状：叶尖现淡青色带暗褐色斑块，如沸水烫状，边缘不明显；嫩梢则呈沸水烫状急性凋萎。在短暂潮湿而很快转晴的天气，表现为慢性型症状：叶斑圆形或不定形，边缘深褐色，稍隆起，中部灰褐色至灰白色，斑面常现轮纹；枝梢病斑多始自叶腋处，由褐色小斑发展为长梭形下陷病斑，当病斑绕茎扩展一周时，常致枝梢变黄褐色至灰白色枯死。幼果发病，腐烂后干缩成僵果，悬挂树上或脱落。成熟果实发病，在干燥条件下呈"干疤型"斑，黄褐色、稍凹陷、革质、圆形至不定形，边缘明显；湿度大时则呈"泪痕型"斑，果面上现流泪状的红褐色斑块；贮运期间，现"果腐型"斑，多自蒂部或其附近处现茶褐色稍下陷斑块，终至皮层及内部瓤囊变褐腐烂。

3. 防治方法

（1）加强肥水管理，提高植株活力。深翻改土，增施有机肥和磷钾肥，避免偏施、过施氮肥；整治排灌系统，做好防涝、防旱、防冻、防虫等工作。

（2）彻底清园，减少菌源。坚持结合冬春修剪清园，全面喷药（地面、树上）预防（80%氧氯化铜或"靠山"悬浮剂 800～1000 倍液 1 次）。

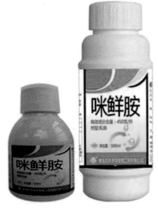

（3）及时喷药保梢保果：掌握春、夏、秋梢嫩叶期各喷药1次；5～6月幼果期和8～9月果实膨大期分别喷药2～3次，视天气和病情隔10～20天1次。药剂可选用25%咪鲜胺乳油1000～2000倍液；75%百菌清可湿性粉剂600倍液，40%福星（氟硅唑）乳油8000倍液，或25%丙环唑乳油5000倍液，或30%苯醚甲唑丙环乳油5000倍液，65%代森锌可湿性粉剂500倍液，80%大生M～45可湿性粉剂800倍液，50%代森铵水剂800～1000倍液，70%甲基托布津可湿性粉剂800～1000倍液，50%多菌灵可湿性粉剂600倍液，或80%炭疽福美可湿性粉剂500～800倍液。

（四）疮痂病

1. 为害

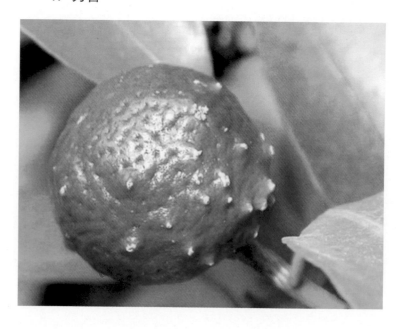

是一种真菌引起的重要病害，主要侵染叶、梢、幼果的幼嫩组织。

2. 症状

叶片上的病斑初为油渍状小点，随后逐渐扩大，呈蜡黄色至黄褐色，多数在叶背，病斑周围叶片组织呈漏斗状向背面突起，叶正面凹陷，为害严重时，常引起叶片畸形扭曲。嫩梢受害时，症状与叶面相似，但病斑周围组织突起不明显。果实受害时，在果皮上常出现许多产生或群生的瘤状突出或连成斑疤。

3. 防治方法

疮痂病防治应在搞好清园及加强管理的基础上，培养健壮树势，促使新梢抽发整齐成熟快，并重点做好药剂防治工作。

（1）农业防治：冬季清园时，结合春季发芽前修剪，剪除病梢、病叶并集中烧毁，喷洒0.5波美度石硫合剂一次。同时加强肥水管理，培育健壮树势，删剪过密枝条，保持通风透光的树形，剪除病枝和病叶，并清除田间落叶，加以烧毁，减少病源。

（2）药剂防治：目的是要保护新梢及幼果，因此要抓早、抓好。一般要喷2次药，第一次在春芽萌动至长1～2毫米时，第二次是在落花2/3时，以保护幼果。防治效果较好的药剂有0.5%波尔多液，20%松脂酸铜1000～1200倍液，80%必得利可湿性粉剂500～800倍液，70%甲基托布津可湿性粉剂1000～1200倍液，50%多菌灵可湿性粉剂600～800倍液。

（3）苗木检疫：新园要尽量使用脱毒苗，病区的接穗可用50％的苯莱特800倍液或50％多菌灵可湿性粉剂800～1000倍液，浸30分钟，消毒效果良好。

（五）树脂病

1. 为害

主要发生在高温、高湿的5～10月，这时期发病最为严重，主要为害柚子的主干和主枝，同时也为害小枝和果实，不仅影响植株的生长发育，而且减少产量，严重时可造成树体死亡。侵染果皮和叶片所发生的病害叫黑点病或砂皮病；侵染果实使其在贮藏期发生腐烂叫褐色蒂腐病。发生严重时常造成大面积柚子园毁灭，或在贮运中造成大量烂果。

2. 症状

（1）流胶型：枝干被害，初期皮层组织松软，有小的裂纹，水渍状，并渗出褐色胶液，并有类似的酒糟味。高温干燥情况下，病部逐渐干枯、下陷，皮层开裂剥落，木质部外露，疤痕四周隆起。

（2）干枯型：枝干病部皮层红褐色干枯略下陷，微有裂缝，不剥落，在病健部交界处有明显的隆起线，但在高湿和温度适宜时也可转为流胶型。病菌能透过皮层侵害木质部，被害处为浅灰褐色，病健部交界处有一条黄褐色或黑褐色痕带。

（3）砂皮或黑点型：幼果、新梢和嫩叶被害，在病部表面产生无数的褐色、黑褐色散生或密集成片的硬胶质小粒点，表面粗糙，略为隆起，很像黏附着许多细砂。

3. 防治方法

（1）剪除病枝，收集落叶，集中烧毁或深埋。

（2）加强栽培管理，增强树势，提高树体抗病力，特别要注意防冻、旱涝、日灼，避免造成各种伤门，避免或减少病菌侵染。

（3）结合修剪清除病源。早春结合修剪，剪除病枝、枯枝，剪口涂保护剂，剪下的病、枯枝集中烧毁。

（4）树干涂白。比较稀疏的果园，在盛夏前将主干涂白，以防日灼。涂白剂可用生石灰20千克、食盐1千克加水100千克配制而成。

（5）药物防治：

①喷雾：于春季萌芽期、花谢2/3及幼果期时，用80%乙蒜素乳油800倍液或2%氨基寡糖素水剂1000倍液稀释，进行全株（枝、叶及主干）均匀喷雾，有效预防树脂病、脚腐病、炭疽病、疮痂病、溃疡病等病害，同时增强植株免疫力，提高株体抗病能力。

②涂抹：每年4～5月和9～10月用锐利刀的刮除病部组织深划至木质部，再用"树大夫"原液或者稀释5倍涂抹病部，3天涂1次，连涂2次。

（六）膏药病

1. 为害

膏药病属于真菌性病害，主要发生于树冠较密闭的柚

树老枝干上，也为害叶片和果实。

2. 症状

膏药病在老龄柚园发生较多，主要为害枝干，在枝干表面形成椭圆形或不规则形表面光滑的丝绒状物，紧贴在树干上，但不侵入组织，极似贴着的膏药。颜色有灰色，较多为白色，也有褐色。膏药病发病严重时，病部以上枝条枯死。

3. 防治方法

及时喷药防治蚜虫、介壳虫类等。结合修剪，消除带病枝条，如发现病害，可用小刀刮除菌膜，再涂抹石硫合剂或1∶1∶10的波尔多浆或新鲜的水牛尿等。

（七）脚腐病（烂蔸疤）

1. 为害

一般在幼龄树发病较少，壮年树发病较多，30～40年生老树发病最多。但如果用的是感病砧木，幼龄树也会发病严重。病菌可以以菌丝体的形式在病树茎基部越冬，也可以以菌丝体或卵孢子的形式在土壤越冬。生长季节主要通过雨水传播，从植物根颈部侵入。

2. 症状

病部初时呈不规则的水渍状，黄褐色至黑褐色，树皮腐烂，有酒糟气味，潮湿时病部常渗出褐色黏液，以后病部扩展到形成层，乃至木质部。病部沿主干向上扩展可长达20厘米，向下可蔓延至根系，引起主根、侧根甚至须根大量腐烂。病部向四周扩展可使根颈树皮全部腐烂，形成环割状，导致全株枯死。在干燥天气，地上的腐烂常停止扩展，旧病斑树皮干缩，病健部界限明显，最后皮层干裂翘起甚至剥落，木质部裸露。在病害发展过程中，与发病根颈相对应方位的树冠上，叶片失去光泽，叶形小，叶色变黄，叶中脉及侧脉变金黄色，极易脱落。病树在死亡的当年或前一年，开花结果极多，但果小而味酸，易脱落。病树根系也变色腐烂，在刮大风时易被刮倒。

3. 防治方法

（1）加强果园的管理，如雨季及时做好排水工作，合理控制果树栽植密度，果园土壤为黏性土时增施有机肥或农家肥以改良土壤，施肥时应该平衡施肥，避免过量施用氮肥，并适时对果树进行修剪，以提高果园的通风透光性。

（2）做好果园虫害防治，如天牛、吉丁虫。

（3）在果园劳作时应该避免对果树基部的损伤。

（4）定期检查果树，发现受害树应用嫁接刀刮除病斑，再用乙蒜素600倍液涂抹，1周后用甲基托布津200倍液加氨基酸涂抹。

（八）黄斑病

1. 为害

是一种真菌引起的病害，在我国不少柚类产区有发生。受害植株一叶片上可生数十个或上百个病斑，使叶片光合作用受阻，树势被削弱，引起大量落叶，对产量造成一定的影响。枝梢受害后僵缩不长，影响树冠扩大；果实被害后产生大量油痕污斑，影响果实商品性。

2. 症状

叶片受害后，叶背出现大小不一的黄色斑块，最后发展成黑褐色的脂斑。果实受害后，在果皮上出现红褐色斑点，病菌侵染果皮表层，不侵染果肉。黄斑病有脂点黄斑型、褐色小圆星型、混合型（即1片叶片上既发生脂点黄斑病，又有褐色小圆星型病斑）和果实上症状等4种。

3. 防治方法

（1）加强栽培管理，增施有机肥、钾肥，增强树势，提高树体抗病力。

（2）冬季彻底清园，剪除病枝病叶，清除地面病枝、病叶、病果，集中焚烧。

（3）药剂防治：结果树谢花2/3、未结果树春梢叶片展开后第一次喷药，相隔20天再喷1～2次。药剂选用80%多菌灵可湿性粉剂800～1000倍液，或80%代森锰锌可湿性粉剂500倍液，或0.5%等量式波尔多液。

（九）煤烟病

1. 为害

是蚧类、蚜虫和白粉虱等害虫的排泄物被煤烟病菌寄生而诱发的一种病害。病菌在病部越冬，以蚜虫类、蚧类、粉虱类害虫的排泄物为培养基，当这些害虫发生严重时，病原孢子落在其排泄物上引起植株发病。郁闭和潮湿有利于本病发生。

2. 症状

表现在叶片、枝条和果实表面结一层薄膜状的黑色物。发病初期于叶片、枝条或果实表面产生一层暗褐色霉斑，以后逐渐发展成为黑色绒状霉层覆盖发病部分，霉菌仅附在表面生长，呈煤烟状，不能侵入到柚树的组织内。菌膜一般不易脱落，但发病特别严重、菌膜厚的反而易剥离，剥离后枝、叶表面仍为绿色。

3. 防治方法

（1）及时防治蚜虫类、蚧类、粉虱类害虫是防止煤烟病发生的根本措施。

（2）可任选以下农药喷杀：5% 菌毒清 500 倍液；0.3% ～ 0.5% 等量式波尔多液，50% 甲基托布津可湿性粉剂 800 倍液，50% 多菌灵可湿性粉剂 800 倍液。防治蚜虫类、蚧类、粉虱类害虫

时，在杀虫剂中混入杀菌剂，或先喷杀虫剂，间隔一段时间再喷杀菌剂，可以起到预防作用。冬季清园时可用0.5～1浓度的波美度石硫合剂杀死越冬菌落。

（3）适度修剪，提高树冠内部的通风条件。

（十）青霉病和绿霉病

1. 为害

是蜜柚果实贮藏运输中较重要的病害，常造成大批果实腐烂变质。

2. 症状

发病初期果皮软化、水渍状、略凹下，色泽比健全果皮略淡，以手指轻压极易破裂，而后在病斑中央长出白色霉状物，迅速扩展成白色圆形霉斑，并在高温、高湿条件下迅速扩展，深入果内，几天就可以扩展到整个果实，导致全果腐烂。

3. 防治方法

采果、运输过程中防止果实受伤。采用50%扑海因可湿性粉剂1000倍液或50%氯溴异氰脲酸水溶性粉剂1000倍液，45%咪鲜胺水乳剂2000倍液，75%抑霉唑2000倍+72%2，4-D乳剂5000倍或用45%特克多乳剂1000倍＋75%抑霉唑2500倍＋72%2，4-D乳剂5000倍液浸果，对青、绿霉病均有很好的防治效果。

（十一）褐色蒂腐病

1. 为害

是果实贮藏期的重要病害之一，也为害枝干，引起流胶。病菌具潜伏侵染特性，当果实蒂把有伤痕，组织衰弱、贮藏期温湿度条件适于病菌生长发育而不利于果实时，易发生此病。

2. 症状

果实被侵染后，通常是从蒂部开始腐烂，发病初期病部呈水渍状，出现淡褐色病斑，逐渐变成深褐色，病部渐向脐部扩展，边缘呈波纹状，最后可使全果腐烂。病果散发出一种带有刺激性的芳香气味，果肉苦酸。患病果皮较坚韧，手指按压有革质柔韧感。

3. 防治方法

（1）采收时应注意的事项：防止果实受剪刀伤、擦伤、刺伤、碰伤、压伤等机械损伤。

（2）果实包装及运输过程中的防病工作：包装果实的箱、篓切忌粗糙，以免擦伤果皮，潮湿的木箱不适于包装。

（3）库房及用具的消毒：每年贮藏结束后，库房和果架要洗刷干净，再用 1% 福尔马林或 4% 漂白粉喷洒库壁、库顶、地面和果架，然后密闭 1 昼夜，为下次贮藏做准备。

（4）低温贮藏：一般柚子果实的贮藏以温度 3 ~ 6℃ 为宜、大气相对湿度在 80% ~ 85% 时为适宜。

（5）果实防腐处理。如咪鲜胺、异菌脲等。

（6）果实采收前喷药。如大生富、百菌清等。

（十二）褐腐疫病

1. 为害

主要为害果实，感病后致很多落果。发病初期果皮上呈现淡褐色的小圆点，该小圆点快速扩展，并呈黑褐色水渍状，病斑部位变软并略呈洼陷。

2. 症状

果实表面呈褐色水渍状，变软腐烂，湿度大时，病斑

上会长出柔软稀疏的白色菌丝层，就是我们看到的果面上的一层"白毛"，随后迅速扩展到全果，还能闻到刺鼻的酸臭味。

3. 防治方法

（1）加强管理，及时清除病果并在果园地上撒生石灰粉消毒，留意开沟减少积水防涝，恰当修剪促进果园的通风透光。

（2）果实成长发育期施肥以氮、磷、钾结合农家肥施放，促进树势强健，增强抵抗力。

（3）针对该病害潜伏期短、发病速度快的特色，在高温多雨时节，风雨前后应及时对树冠与地上一起喷药，可选用53%金雷多米尔水分散粒剂600～700倍液、90%疫霜灵可湿性粉剂700～800倍液或72%克疫霜可湿性粉剂800倍液喷洒，还可以使用咪鲜胺+乙膦铝或者乙膦铝+代森锰锌，或吡唑醚菌酯、烯酰吗啉、苯醚甲环唑、嘧菌酯、甲霜灵锰锌等，重点喷施中下部果实，7天后再喷药1次，需要注意的是雨前、雨后要及时用药。

二、虫　害

（一）红蜘蛛

1. 为害

为害叶片、果实、嫩梢，被害叶片呈灰白色斑点，严重时一片灰白，失去光泽，提早脱落，削弱树势。果实被害后引起落果，成虫近椭圆形、暗红色。红蜘蛛终年都可发生为害。

为害严重，导致叶片脱落

2. 发生规律

2～3月为红蜘蛛的越冬为害期，4～6月为红蜘蛛的第一次为害高峰期，7～8月高温发生量少，为红蜘蛛的低峰期；9～11月气候干燥，发生量多，为红蜘蛛第二次为害高峰期；第二次高峰期多雨发生量少，第一次高峰防治及时，虫口密度大大减少，第二次高峰随着虫口密度减少可以减少喷药或不喷药。

3. 防治方法

（1）果园生草覆盖，改善环境助长天敌活动，保护和散放捕食螨，建立稳定的捕食螨群落，对长期抑制红蜘蛛至关重要，这是防治柚子红蜘蛛的根本性措施。所谓生草覆盖是指在柚子行间保留或种植藿香蓟等浅根性杂草，因为藿香蓟的花粉及其在植株上生长的一种小啮虫是多种捕食螨的适宜食料，这就有利于柚子园建立长期、稳定的捕食螨群落来控制红蜘蛛的发生。而且，覆盖了藿香蓟，可以调节柚子园的温湿度，使红蜘蛛的另一克星——芽枝霉菌得以繁衍、寄生。同时又可以降低盛夏期间果园土壤的温度，有利于柚子根系正常生长，提高树体的抗、耐病虫能力。

（2）化学防治是对付柚子红蜘蛛的重要手段。但是，红蜘蛛特殊的生物学特性决定了它们极易形成抗药性种群，因此切忌滥用、乱用农药。在进行化学防治时要特别强调以调查测报为指导，只有当达到防治指标（春、秋梢转绿期平均每百叶虫数 100 ~ 200 头；夏、冬梢每百叶虫数 300 ~ 400 头），而天敌数量又少时，方可决定使用化学防治。可供选用的药剂有 24% 螨危悬浮剂 4000 ~ 6000 倍液、20% 螨死净可湿性粉剂 2000 倍液，15% 哒螨灵乳油 2000 倍液，1.8% 齐螨素乳油 6000 ~ 8000 倍，20%

三唑锡乳油 3000 倍液，20% 三氯杀螨醇或 20% 杀螨酯 800 ~ 1000 倍液；20% 双甲脒、20% 倍乐霸、5% 尼索朗、50% 托尔克或 50% 螨代治 1500 ~ 2000 倍液；73% 炔螨特 1000 ~ 3000 倍液；或 20% 速螨酮 4000 倍液。此外，0.25% ~ 0.5% 苦楝油、1% 高脂膜对红蜘蛛效果良好，而对捕食螨等天敌的毒性很低，这对协调化学防治和生物防治的矛盾具有积极的意义。需要特别强调，由于柚子红蜘蛛极易产生抗药性，而且抗药性可以遗传，因此在使用化学药剂时要合理交替轮换，千万不要长期连续使用同一种药剂，以防止或延缓红蜘蛛产生抗药性。同时尽量采用挑治的方式，使红蜘蛛的天敌有回旋的余地。

（二）锈壁虱

1. 为害

是柚树一种重要的螨类虫害，常群集在果面、叶片及绿色枝梢上通过刺破表皮吸取汁液。被害叶片初呈黄褐色，后变黑褐色，引起落叶，果皮受害后变黑褐色、粗

糙，布满龟裂网状细纹，俗称"黑皮"，叶片受害后易引起落叶。

2. 发生规律

锈壁虱喜阴、怕光，多在内膛果、上垂枝果和果的背光面为害，开始看似一层黄色粉末，待到出现黑皮果后，即使喷药杀死锈壁虱，黑皮也不可逆转。锈壁虱一般4月下旬至5月上旬转移到幼果为害并大量繁殖，此时是喷药防治的关键。

3. 防治方法

（1）冬季清园：合理修剪，减少基数，加强管理，合理施肥，增加植株抗虫能力，改善生态环境。

（2）保护利用天敌：锈壁虱主要的天敌有寄生真菌，如汤普森多毛菌，瓢虫科、草蛉科等昆虫，人工繁殖和释放，合理施用农药，减轻为害。

（3）药剂防治：5～10月，用放大镜检视，当叶片每视野有虫2～3头，或每果平均5头或果上出现黄白灰尘似薄雾状，或个别果出现"黑皮"时，即喷药防治。药物选用20%螨死净可湿性粉剂2000倍液，15%哒螨灵乳油2000倍液，1.8%齐螨素乳油6000～8000倍，20%三唑锡乳油3000倍液，或持效期较长的药剂如丰功250倍液，或加2%野田阿维菌素、虫寂、虫螨克等3000倍液，或满将（25%诺普信三唑锡）或禾本三唑锡1500倍液，均匀喷雾。

（三）蚧壳虫

1. 为害

为害蜜柚的蚧壳虫有很多种，其中比较严重的有吹绵蚧、堆蜡粉蚧、矢尖蚧、褐圆蚧、黑点蚧、红圆蚧等。主要是在枝条、叶片和果实上吸食汁液，叶片受害后变黄退绿，果实受害后不能充分成熟和着色。

2. 发生规律

（1）褐园蚧：为害柚树树枝和果实，常在枝叶上累叠成堆。褐园蚧年发约5代。4月中下旬一代若虫期，6月中下旬二代若虫期，8月上中旬三代若虫期，9月下旬四代若虫期，12月中下旬五代若虫期。三代以前防治及时，五代发生量较少。褐园蚧防治5、6、7月为一代、二代若虫期，要重点防治，每代防治掌握一龄若虫盛发期下药防治。

（2）堆蜡粉蚧：雌成虫覆盖着粗糙的白蜡质，当虫体被压时则流出赤褐色液体。若虫背面披覆白色蜡质粉末，堆蜡粉

蚧一年发生5代。4月上旬开始见少数若虫孵出，4月中旬后一代若虫期，6月中旬二代若虫期，7月上中旬三代若虫期。第一代和第二代为害新梢叶片，6～9月份注意防治。

（3）矢尖蚧：一年发生三代，5月上中旬一代若虫期，7月中下旬二代若虫期，9月上旬三代若虫期，各代防治药应掌握第一代和第二代初孵若蚧盛发进行。

（4）吹绵蚧：雌虫椭圆形、背面隆起，虫体红褐色，体上有白色粉状质和细长蜡丝，产卵时腹部分泌出白色卵囊。吹绵蚧一年发生三代，5月上旬一代若虫期，7月上中旬第二代若虫期，9月下旬三代若虫期。防治时间应抓若虫期喷药。

3. 防治方法

（1）做好检疫工作：多种蚧壳虫都是随着苗木或繁殖材料等传播。因此，在移植或运输柚子苗木、果实、接穗之前，进行认真检疫，如发现蚧壳虫，应及时进行消毒杀虫处理，防止传播扩展。常用的熏蒸剂有溴甲烷。溴甲烷不影响苗木生活力。

（2）适时合理修剪：在孵化之前去虫枝，集中烧毁。同时通过修剪可以改善柚园的通风透光，形成不利于蚧壳虫生长的生态环境。

（3）保护利用天敌：蚧类的天敌种类很多，特别对一些有效天敌，如捕食吹绵蚧的天敌大红瓢虫、澳洲瓢虫、寄生在盾蚧类的金黄蚜小蜂等，应加强保护、放养和人工转移，以控制蚧类的发生。在保护利用天敌方面，特别要注意农药的使用，尤其是在天敌昆虫的大量繁殖时期，应尽量少打药或不打药，非施药不可，也只能有选择性地使用对天敌影响小的药剂，尽量避免使用有机磷类药剂，可改用油制剂等。

（4）掌握虫情，做好预测、预报工作：掌握在卵的盛孵期喷药，尤其掌握在每年第一代卵的盛孵期喷药，这是防治蚧类害虫的关键时期，此时喷药可收到良好的效果。如矢尖蚧的化学防治应抓住全年当中的关键时期——第一代卵的盛孵期喷药，在红河州盛孵期的时间是5月上、中旬。

目前防治蚧类比较有效的农药有下面数种：

①松脂合剂：是国内用于防治蚧类的传统药剂，只要熬制得当，原料质量有保证，掌握好防治时期，定会收到显著的效果。冬春季一般使用浓度为 10 ~ 15 倍稀释液。

② 70%～90% 机油乳剂 50～100 倍稀释液。

③ 化学农药：40% 杀扑磷 1000～1500 倍稀释液，22.4% 螺虫乙酯（亩旺特）1500 倍稀释液，25% 噻嗪酮 1000 倍稀释液和 40% 毒死蜱（或乐斯本）1000～1500 倍稀释液，速扑杀 1500 倍稀释液等，均对若蚧防效显著。

（四）潜叶蛾

1. 为害

是柚树嫩梢期最主要的害虫，成蛾产卵于夏、秋梢嫩叶背面，幼虫潜入叶表皮下潜食叶肉，形成银白色弯曲蛀道，使叶片卷缩硬化，易

脱落，影响柚树新梢生长，延迟幼年果树结果，影响成年树产量。果实受害后易腐烂，直接影响产量和品质。

2. 发生规律

潜叶蛾在云南一年发生 9～10 代，世代重叠，多以蛹或少数老熟幼虫在叶片边缘卷曲处越冬。每年 4 月下旬越冬蛹羽化为成虫，5 月下旬田间开始发现为害，7～9 月夏、秋梢抽发期为害最严重，尤以晚秋梢受害最重。高温多雨有利于幼虫生存，加之抽梢多而不整齐，故发生多而重。成虫多于清晨羽化，羽化后即行交尾。成虫白天潜

伏于叶背等处，晚间将卵散产在 0.5 ~ 2.5 厘米长的嫩叶背面主脉两侧。幼虫孵出后即潜入嫩叶、嫩梢表皮下取食为害。幼虫老熟后即停止取食，在叶片边缘卷曲处化蛹。

3. 防治方法

（1）控制柚梢：抹芽控制夏梢和早发秋梢，切断食源。

（2）药剂防治：放梢后，在新梢抽出 1 厘米长的芽时第一次喷药，隔 5 ~ 7 天再喷一次，连喷 3 ~ 4 次，药剂可选用：2.5% 溴氰菊酯乳油 2000 ~ 3000 倍液或 5% 来福灵乳油 2000 ~ 3000 倍液或 20% 甲氰菊酯（灭扫利）乳油 2000 ~ 4000 倍液或 10% 天王星乳油 2000 ~ 3000 倍液或 1% 甲氨基阿维菌素苯甲酸盐水粉散粒剂 2000 ~ 3000 倍液，每隔 5 ~ 7 天喷雾一次，连喷 2 ~ 3 次。

（五）柑橘木虱

1. 为害

是传播黄龙病的媒介，成虫和若虫在柚子嫩梢幼叶新

芽上吸食为害，导致嫩梢幼芽干枯萎缩，新叶畸形卷曲。

2. 发生规律

柚子木虱一年可发生数代，各代重叠发生，成虫、若虫均聚集在柚子嫩芽上，吸食汁液，被害芽生长受阻，叶多卷曲不能正常发育。

成虫取食时头部下俯，腹部翘起成 45° 角，若虫取食后，其排泄物附在腹末，成一长条，卵产于嫩叶或嫩茎上，聚集不定。

雌虫能产卵 800 粒，在夏季，卵期为 4～6 天，若虫有 5 龄，各龄期多为 3～4 天，自卵至成虫需时 15～17 天，成虫寿命达一个月。

严重为害时间多在春季至夏初，秋梢嫩芽期间也受害。

3. 防治方法

发现柑橘木虱为害时，选喷下列药剂：20% 啶虫脒可湿性粉剂 10000 倍液，55% 镖诺（毒·吡）可湿性粉剂 2000 倍液，40% 乐果乳剂 1000 倍液；合成洗衣粉 400～500 倍液；松脂合剂 15～20 倍液；25% 中科美铃 1500～2000 倍液；25% 高效氯氟氰 1000～1500 倍液。以上药剂如交替使用，效果更好。

（六）橘粉虱

1. 为害

橘粉虱在柚子园世代重叠，从 4 月上旬至 11 月下旬均可看到它的成虫、幼虫、蛹和卵。同一果园树与树之间由成虫迁飞传播，果园和果园之间主要由风（特别是台风）传播。各代成虫盛发期以 7～8 月最多。橘粉虱以幼

虫群集叶背吸食汁液，从而造成树体营养生长停滞、落叶、新梢抽发少，抑制植物及果实发育。并且在出现粉虱为害后，可诱发煤烟病，特别是8～9月，叶片布满霉层，严重影响叶片的光合作用，对产量影响很大。

2. 发生规律

橘粉虱一年发生4代，常以幼虫聚集在叶背面为害，造成叶片褪绿变黄，并能分泌蜜露诱发煤烟病。该虫4月中旬羽化出的成虫开始产卵，一片叶上产卵100粒以上，4月下旬至5月上旬是第1代卵孵化高峰期，第2代在6月下旬至7月中旬，第3代在8月中旬至9月上旬，第4代在10月上旬至第二年的4月上旬。7～8月发生最多，卵期8~24天，幼虫有3龄。在柚子园里可见各种虫态，世代重叠严重。成虫有翅能飞行，成虫迁移产卵是柚园树木间传播扩散的主要方式。橘粉虱寄主多、食性杂，喜荫蔽环境，通风透光不良的柚园受害较严重。幼虫和蛹有蜡质保护，对药剂具有较强的选择性。

3. 防治方法

（1）农业防治：通过农业措施的实施，改善柚园生态环境，创造天敌生长繁殖的有利条件，达到控制粉虱为害的目的。在第1代成虫羽化盛期，正值夏梢大量抽发期，全园应及时抹除夏梢，清除成虫产卵场所，可有效减轻以后各代的为害，此时抹梢还可兼治潜叶蛾。柚园种植绿肥，保留果园良性杂草，能够增加果园田间小环境的湿度，有利于橘粉虱的主要自然天敌——粉虱座壳孢的生存和繁殖，提高其对粉虱的寄生率。

（2）生物防治：采集已有座壳孢寄生的柚子枝叶，悬挂到有粉虱为害的果园中，提高大面积果园的寄生率，降低发生基数。

（3）合理用药：在橘粉虱严重发生的情况下，化学防治仍是目前主要的防治手段。可选用松碱合剂15~20倍液、40%速扑杀乳油800~1000倍液、48%乐斯本乳油1000~1500倍液、10%吡虫啉可湿性粉剂2500~3000倍液等喷雾防治。注意不同类型的杀虫剂要交替使用。以上药剂与机油乳剂（300倍液）混用，可以提高防治效果兼治煤烟病。对发病严重的柚园要统一时间、统一药剂、全面喷药，邻近柚园必须加强检查，挑治虫株。

（七）蚜　虫

1. 为害

幼年树、结果树均有发生，主要是成虫、若虫群集在新梢幼嫩的茎和叶片上吸取汁液，能诱发煤烟病和蚁类的共生，使枝叶变黑，影响树势和果实的产量与品质。

2. 发生规律

在云南一年发生 20 代以上，以卵或成虫越冬，越冬卵 3 月上旬孵化为无翅若蚜后，即上嫩梢为害。若虫经 4 龄成熟后即开始生若虫，继续繁殖。最适宜温度为 24 ~ 27℃，气温过低过高，雨水过多均影响其繁殖。

春末夏初和秋季干旱时为害最甚。有翅胎生蚜在条件不适宜时出现，无翅胎生蚜在条件适宜时出现。秋末冬初便出现有翅雌蚜和有翅雄蚜交配产卵越冬。

3. 防治方法

（1）冬季清除园中枯枝和落叶杂草，用石硫合剂（或石硫合剂滤渣）与石灰加水混合给柚子树干涂白；在 1 月份对树体细喷一次 3 ~ 5 度石硫合剂，消灭越冬虫卵。

（2）每亩用 250 ~ 500 克尿素，兑水 50 千克喷施；

或用 1% 碳酸氢铵溶液（或 0.5% 氨水溶液）每周 1 次喷洒柚子树，连续使用 2～3 次，除有效防治蚜虫外，还可兼治红蜘蛛、蓟马等。

（3）化学防治：

防治蚜虫可选择使用下列几种药剂：① 10% 吡虫啉（或一遍净、艾美乐、大功臣、金大地）可溶性粉剂 3000 倍液。② 50% 抗蚜威（辟蚜雾）可湿性粉剂 2000 倍液。③ 20% 啶虫脒可湿性粉剂 10000 倍液。④ 20% 好年冬乳油 2000 倍液。⑤ 3% 莫比朗乳油 2000 倍液。

（八）黑刺粉虱

1. 为害

被害叶出现失绿黄白斑点，随为害的加重斑点扩展成片，进而全叶苍白早落。被害果实风味、品质降低，幼果受害严重时常脱落。若虫每次蜕皮，壳均叠于体背。黑刺粉虱排泄蜜露可诱致煤污病发生。

2. 发生规律

每年发生 4 代。从 3 月中旬至 11 月下旬田间各虫态均可见。黑刺粉虱成虫喜较阴暗的环境，多在树冠内膛枝叶上活动。卵散产于叶背，散生或密集呈圆弧形，数粒至数十粒一起。初孵若虫多在卵壳附近爬动吸食，共 3 龄，2、3 龄固定寄生。

3. 防治方法

（1）加强管理，合理修剪，通风透光良好，可减轻发生与为害。

（2）早春发芽前结合防治蚧壳虫、蚜虫、红蜘蛛等害虫，喷洒含油量 5% 的柴油乳剂或黏土柴油乳剂，毒杀越冬若虫有较好的效果。

（3）在黑刺粉虱若虫盛发期可喷洒 20% 啶虫脒可湿性粉剂 10000 倍液，55% 镖诺（毒·吡）可湿性粉剂 2000 倍液、48% 乐斯本乳油 1000 倍液或 90% 敌百虫晶体 500 ~ 600 倍液、25% 蚜虱绝乳油 2500 ~ 4000 倍液、10% 一遍净可湿性粉剂 5000 倍液、2% 阿维菌素乳油 2000 倍液等防治。喷药时要注意喷射树冠内膛和树叶背面，受害重的果园应间隔 10 ~ 15 天连续用药 2 次。

（九）花蕾蛆

1. 为害

是柚树花蕾期的害虫。成虫似小蚊子，雌虫体长 1.5 ~ 2 毫米，灰黄色或暗黄褐色，雄虫略小，腹部较细，末端椭圆形。主要为害花蕾，花蕾被幼虫食害后蕾内组织被破坏，受害花蕾变成短扁肥胖的"灯笼"或"算盘子"，蕾被花瓣增厚并带绿色小点，不能开放，形成残花枯落。

2. 发生规律

一年发生1代，少数2代，末龄幼虫在土中越冬。在树冠周围30厘米内外、6厘米土层内虫口密度最大。3月越冬幼虫脱茧上移至表层，重新作茧化蛹，3～4月羽化出土，雨后最盛。花蕾露白时成虫大量出现并产卵于花蕾内，散产或数粒排列成堆。幼虫在花蕾内为害十余天老熟脱蕾入土结茧，一年发生1代者即越冬。一年发生2代者在晚柚现蕾期羽化，花蕾露白时产卵于蕾内，第2代幼虫老熟后脱蕾入土结茧越冬。阴雨天脱蕾入土最多。成虫多于早、晚活动，以傍晚最盛，飞行力弱，羽化后1～2天即可交配产卵。一般阴湿低洼柚园发生较多，壤土、

沙壤土利于幼虫存活发生较多，3～4月多阴雨有利于成虫发生，幼虫脱蕾期多雨有利于幼虫入土。

3. 防治方法

（1）柚子花蕾绿豆大小时在雨后初晴时用2000倍阿维菌素或甲维盐进行防治，也可用吡虫啉防治。7～10天后（大约在四月中旬）防第二次。

（2）人工摘除灯笼花，并集中杀灭（可采用密封高温和药物处理）。

（十）凤蝶类

1. 为害

为害柚树的凤蝶类主要有玉带凤蝶、枯凤蝶等，主要为害苗圃和幼年树，一般以幼虫啃食柚子芽、叶，初龄食成缺刻与孔洞，5龄幼虫可以将柚子幼苗叶片吃光，只残留叶柄。柚子、柑橘、黄檗、吴茱萸及花椒均会受凤蝶幼虫的严重为害。

2. 发生规律

凤蝶成虫白天活动，善飞，喜食花蜜，卵散产于嫩芽、叶背上，卵期约7天。初孵幼虫咬食叶片成孔洞或缺刻，5龄幼虫食量最大，日可食5、6片叶，遇惊时则伸出臭角腺，放出臭气躲避敌害。老熟幼虫可吐丝环绕

胸腹以固定在枝条上化蛹。翌年越冬代成虫3～4月出现，第1～5代成虫分别出现于4月下旬至5月、5月下旬至6月、6月下旬至7月、8～9月、10～11月。

3. 防治方法

在幼虫盛发期喷施 2.5% 功夫乳油 2000 ～ 2500 倍液，或 90% 敌百虫晶体 800 倍液，或 2.5% 敌杀死、20% 速灭杀丁乳油 2000 ～ 3000 倍液，或 2.5% 保得乳油 1000 倍液，或 10.8% 凯撒乳油 1000 ～ 1500 倍液，或 Bt 乳剂 1000 ～ 2000 倍液、青虫菌可湿粉剂 1000 倍液、青虫菌 6 号液剂 1500 倍液。

（十一）灰象甲

1. 为害

主要为害柑橘类、桃、李、杏、无花果等多种作物。以成虫为害柚子的叶片及幼果。老叶受害常造成缺刻，嫩叶受害严重时被吃光，嫩梢被啃食成凹沟，严重时萎蔫枯死；幼果受害呈不整齐的凹陷或留下疤痕，重者造成落果。

2. 发生规律

一年发生 1 代，成虫在土壤中越冬。翌年 3 月底至 4 月中旬出土，4 月中旬至 5 月上旬是为害高峰期，5 月为产卵盛期，5 月中、下旬为卵孵化盛期。

3. 防治方法

（1）冬季结合施肥，将树冠下土层深翻 15 厘米，破坏土室。

（2）3 月底至 4 月初成虫出土时，在地

面喷洒50%辛硫磷乳油200倍液，使土表爬行成虫触杀死亡。

（3）人工捕杀。成虫上树后，利用其假死性震摇树枝，使其跌落在树下铺的塑料布上，然后集中销毁。

（4）春、夏梢抽发期，成虫上树为害时，用2.5%敌杀死乳油1500倍液，或用20%啶虫脒水分散剂3000～4000倍液喷杀。

（十二）柑橘天牛

1. 为害

主要以幼虫为害蜜柚树干及枝条。被害树干上出现孔洞，纵横交错的蛀道光滑或充满粪屑，影响水分和营养物质的输送，导致树势衰弱，叶片黄化，严重时造成枝枯树死。

2. 发生规律

两年完成1代，幼虫期长达20～23个月，以成虫和幼虫在树干内越冬。成虫多在4月下旬至7月闷热的傍晚在树干交尾，在缝穴和伤疤内产卵。初幼虫先蛀食皮层，后蛀入木质部。蛀道上有3～5个气孔与外界相通，老熟幼虫在隧道内吐出一种石灰质的物质封闭两端作室化蛹。

3. 防治方法

（1）树上捕捉天牛成虫，傍晚时，尤以雨前闷热傍晚 8 ~ 9 时最佳。

（2）加强栽培管理，使树体健壮，保持树干光滑。

（3）堵杀孔洞，清除枯枝残桩和苔藓地衣，以减少产卵和除去部分卵和幼虫。

（4）立秋前后，人工勾杀幼虫。

（5）立秋和清明前后，将虫孔内木屑排除，用棉花蘸 40% 乐果乳油或 80% 敌敌畏乳油 5 ~ 10 倍液塞入虫孔，再用泥封住孔口，以杀死幼虫；还可在产卵盛期用 40% 乐果 50 ~ 60 倍液喷洒树干树颈部。

（十三）角肩蝽

1. 为害

成虫和若虫用口针插入柚子果内吸食汁液（亦能吮吸嫩枝汁液），果实被害后，幼果易脱落，接近成熟的果实伤口变成黄斑，不呈水渍状（与大实蝇、吸果夜蛾为害柚子果实后伤口呈水渍状易于区别），果实内部果瓤干缩，糖分、水分减少，嚼如干渣，失去柚子风味。

2. 发生规律

柚子角肩蜷每年发生 1 代。成虫在石缝、屋檐或树冠茂密处等隐蔽场所越冬。越冬成虫于次年 4 月开始活动，取食交配。5 月上、中旬产卵，卵聚产于叶片上，每块卵14 粒。成虫寿命可达 1 年之久，产卵期长，从 5 月到 10月均可见卵块。初孵若虫有群集性，常聚于叶片，并不为害果实。蜕皮后 2 龄若虫才逐渐分散，常三五成群集中在果上为害。7 ~ 8 月若虫数量最多，也是一年中为害最严重的时期，最易引起落果。

3. 防治方法

（1）冬、春越冬成虫出蛰活动前，清理园内枯枝落叶、杂草、刮粗皮、堵树洞，结合平田整地，集中处理，消灭部分越冬成虫。

（2）在成、若虫为害期，利用假死性，在早晚进行人工震树捕杀，尤其在成虫产卵前震落捕杀，效果更好，同时还可防治具假死性的其他害虫如象甲类、叶甲类、金龟子类等。

（3）为害严重的果园，在产卵或为害前可采用果实套袋防治法。此项防治措施可结合疏花疏果进行，制袋可用农膜或废报纸，规格为 16 厘米 × 14 厘米，用缝纫机缝或模压。

（4）结合其他管理，摘除卵块和初孵群集若虫。

（5）越冬成虫出蛰完毕和若虫解化盛期或卵高峰期用药喷树，防效很好。使用的药剂有：2.5% 敌杀死乳油或功夫乳油 2000 倍液，或 20% 灭扫利乳油或来福灵乳油

2500 倍液，20% 杀灭菊酯乳油 2500 倍液，5% 氯氰菊酯乳油或 2.5% 天王星乳油 2000 倍液，50% 对硫磷乳油或三硫磷乳油或马拉松乳油或杀螟松乳油 1500 ~ 2000 倍液，均有良好防效。

三、综合防治技术

（1）做好冬、春季清园：

12 月至次年 2 月，气温较低，一般病虫害进入越冬状态。此阶段应搞好柚园清园工作，首先剪除病虫枝、枯枝、荫蔽枝、病叶；然后喷一次以清除病源和消灭越冬害虫的农药，如石硫合剂、松脂合剂等。早春二月，春梢萌发前再进行第二次清园，这时施药，既能防治越冬炭疽病和疮痂病菌，又能兼治蚧壳类等害虫，大大压低病虫源基数。

（2）种草留草，合理间作，创造优良的柚园生态环境：

在柚园内采取种草留草的方法，对提高柚园的覆盖率、降低柚园夏季的温度、提高湿度、防止水土流失起到很好的作用，而且可为天敌提供丰富的食料和栖息场所，增加天敌种类和数量，稳定生物群落。据笔者多年的调查：种植藿香蓟或绿肥的柚园，夏季柚树树冠的温度比没有覆盖的裸露果园低 3 ~ 5℃，相对湿度则高出 5% 左右，红蜘蛛成螨降低 60%。

（3）抹芽控梢，打断病虫食物链：

潜叶蛾是柚类新梢期为害严重的害虫之一，在春梢期为害甚少，3月下旬仅可见少量的2～3龄的幼虫为害。每年于5～10月夏秋季发生最多，特别是幼龄树一年抽梢4～5次，为害特别严重。因此，要着重抓好人工抹芽的工作，去零留整，集中放梢，待全园80%的果树和每树80%的新梢抽吐后统一放梢，夏梢在5～6月上旬放梢，秋梢在8月上旬前放梢。施肥注重梢前肥和壮梢肥，梢前肥在放梢前10～15天施，以化学氮肥为主；壮梢肥在放梢后7～10天施，以磷钾肥为主。然后根据田间虫情，进行喷药防治。抹芽控梢对防治新梢期的溃疡病、炭疽病、蚜虫、木虱等病虫害均有显著效果。

（4）加强栽培管理，增强树势，提高树体对病虫害的抵抗力：

柚树需肥量大，但人们施肥上经常以施化学氮肥为主，忽视磷、钾肥及硼、镁、锌等微量元素的施用，致使果实的产量和质量都受影响。因此，应做好柚树的因土配方施肥，做到缺什么补什么的科学施肥，合理搭配氮、磷、钾及增施微量元素，这样不但能提高果实的产量和质量，而且还能提高植株抗病性，有效地减轻多种病害的发生为害。

此外，土壤干旱，肥水不足，致使树势衰弱，新梢抽发不整齐，常造成炭疽病、红蜘蛛、锈壁虱、木虱等病虫加剧为害。因此，柚园在干旱季节要及时灌溉和施肥，不仅能预防多种病虫害和生理性病害的发生，也能增强树势，提高对病虫的抵抗力。

（5）科学用药，保护利用天敌：

一年四季春暖、夏暑、秋爽、冬寒，柚树吐梢、开花、结果和休眠，这就构成了柚园生物种群的季节性变动，进而引起生物群落在组成和数量上的升降更迭。根据这种变化规律，应按照防治指标，选准防治适期和对口农药，进行施药防治。主要抓好四个防治关键时期。

①3月至5月中旬，温度适宜，在此期间，利于病害的侵入；柚园新梢抽发，食料丰富，利于害虫的发生。多数病虫害在这一季节出现第一次高峰，而害虫天敌数量比较少，不能控制病虫的为害，此时也是降低全年病虫基数的最好时机，这一时期主要采取化学防治。主要病虫害有溃疡病、炭疽病、疮痂病、黑星病、红蜘蛛、蚧壳虫，卷叶蛾、花蕾蛆、桔实雷瘿蚊、象甲等。近年来，黑星病和橘实雷瘿蚊为害突出，这段时间应抓好这一病一害的防治。黑星病的防治时期重点在花期至幼果期，即在谢花后1个月至1个半月内进行；桔实雷瘿蚊的化学防治应抓好地面喷药和树冠喷药相结合，采取第一代防治是关键，时间是3月底至4月中旬。

②5月下旬至6月份，主要防治红蜘蛛、锈蜘蛛、褐腐疫病，兼治潜叶蛾、蚧壳虫、炭疽病等。

③7～9月，气温高，日照强，前期雨水少，后期干旱，一般害虫已结束取食而进入越夏蛰伏，害虫种类减少，数量降低，而害虫天敌数量、种类不断增加。在春季阶段防治效果好的柚园，可不再施药防治，注意保护天敌，加强肥水管理，创造一个优良的柚园生态环境，稳定

天敌种群。在这阶段，由于是红、锈蜘蛛为害果实、潜叶蛾为害夏、秋梢的时期，应加强田间监测，当达到防治指标时，即行施药防治，在春季喷波尔多液的柚园，注意检查红蜘蛛的虫口数量。同时防治好溃疡病、炭疽病。

④ 10 ~ 11 月，气候温和，出现第二次病虫害发生高峰期。虽然此时虫口的数量较大，但各种天敌种群和数量都很大，对害虫起到显著的抑制作用。所以这阶段应加强对天敌的保护和利用，尽可能减少农药的施用，注意检查褐腐疫霉病和桔实雷瘿蚊的发生为害，若发现桔实雷瘿蚊虫果，要及时摘除，并捡拾落地虫果，集中烧毁或深埋处理。发现褐腐疫霉病时要加强采果前的用药防治。

第七篇　柚子采收和包装

一、采 收

采收时期因树种、环境及天气条件而异。由于早供应市场价格稍高，近年沙田柚、玉环柚、琯溪蜜柚等普遍有早采现象。另一方面如玉环柚、沙田柚正常成熟时采收又易大量裂果，在没有较好的防裂果措施前提下，适当早采，还是可行的；因在树上挂果时间过长，超过正常熟期，也会产生汁胞过分柔软，开瓣时挤破汁胞，同样使品质下降。故强调适时采收。

（一）采收前的准备工作

首先要检测当年果实成熟度，确定开采期。并准备好采果梯、果筐、果剪等，分级保鲜的工药剂等、电子秤、垫果泡沫、发泡塑料包果网套、塑料薄膜以及商品标记、果箱等。在采摘前一个月要停止施用各种农药，采果前7～10天停止对柚树灌水或浇水。否则采下来的柚子会含水量过高，保存期短，容易腐烂。

（二）采收时应注意的事项

1. 掌握采收时间

采收时选晴天或阴天采，雨天、雾天或露水未干均不适宜。采果人员要剪平指甲，以免刺伤柚果，采收时应自下而上、自外而内进行，左手托果、右手持剪，一次齐果蒂剪下；或先在果蒂上 5 厘米处剪断，然后再将果柄齐果肩剪平。果实应轻拿轻放，切不可乱抛乱丢，将好果与落地果、刺伤果、裂果、病虫果分开堆放。当柚子达到固有的成熟色、接近八成熟时就可以采收了。过早采收，果实营养成分没转化完全，贮藏后果皮色浅，果汁少，味淡且酸，品质差；过迟采摘容易产生落果腐烂和储运过程中的病变腐烂。

2. 轻摘轻放

采果时应从树冠外围向树冠里面、从下而上采。对位置太高的果要借助采果梯、凳子耐心采摘，不要拉裂枝干。采下的果实要轻拿轻放，切忌乱丢乱抛，避免碰伤摔伤。装运时，筐或袋不要装得太满，避免堆码时压伤果实，果筐应衬垫稻草或塑料薄膜等物。盛果筐或袋应及时转至阴凉处，防止太阳曝晒。总之，对待果实应像对待鸡蛋一样小心为好。

3. 注意天气

采摘要在晴天露水干后进行。尤其不能在雨天采摘，否则容易造成柚子水伤，使果实品质下降，贮藏时间缩短。

4. 柚子采摘

柚子采摘时，应将病虫果、畸形果、次果与好果分开放，进行初选。采下的果及时装运入库房，减少日晒，避免雨淋。

二、贮藏包装

先将贮藏环境打扫干净，用500毫克/升浓度的次氯酸钠对墙壁、地面进行消毒。

把那些裂果、烂果，有压伤、水伤、畸形的果都挑选出来。

为了长久保持果实的风味，果农们将蜜柚放入多菌灵800倍液浸泡或冲洗30秒左右。

把蜜柚晾干或吹干，套上热缩型的塑料薄膜袋，封口后，用传送带送到热风炉里使塑料薄膜收缩袋紧贴蜜柚表面，这样就可以减少蜜柚水分蒸发，延长贮藏时间，并可减轻在运输过程中的碰伤。再套上网袋和贴上蜜柚的标志，过秤、装箱、打包，就可以装车外运了。

参考文献

［1］陈秋夏.我国柚类及其研究概况[J].福建果树，2004（04）.

［2］胡位荣.沙田柚优质栽培的生态条件研究[J].嘉应大学学报，1996（01）.

［3］傅晓芳.细胞分裂素与赤霉素对琯溪蜜柚的保果试验[J].宁德师专学报（自然科学版），2001（03）.

［4］张太平，彭少麟，王峥峰，陈碧琛.柚类种质资源研究与保护概况[J].生态科学，2001（03）.

［5］袁显.沙田柚果实套袋研究[D].湖南农业大学.2005.